U1013051

“十四五”国家重点出版物专项规划

青少年人工智能科普丛书 | 总主编 邱玉辉

机器学习

编著 邓小清

参编 王海燕 邓 颖

廖 婷 汪 茧

刘笃晋

西南大学出版社

SWUPG

国家一级出版社 全国百佳图书出版单位

图书在版编目(CIP)数据

机器学习 / 邓小清编著. -- 重庆 : 西南大学出版社, 2025. 4. -- ISBN 978-7-5697-3016-6

Ⅰ. TP181-49

中国国家版本馆CIP数据核字第20253TC008号

机器学习

JIQI XUEXI

邓小清◎编著

图书策划:张浩宇
责任编辑:张浩宇
责任校对:张丽娜
装帧设计:闰江文化
排　　版:陈智慧
出版发行:西南大学出版社(原西南师范大学出版社)
　　　　地址:重庆市北碚区天生路2号
　　　　邮编:400715
经　　销:全国新华书店
印　　刷:重庆市涪陵区夏氏印务有限公司
成品尺寸:140 mm×203 mm
印　　张:7.25
字　　数:190千字
版　　次:2025年4月 第1版
印　　次:2025年10月 第2次印刷
书　　号:ISBN 978-7-5697-3016-6
定　　价:38.00元

总主编简介

邱玉辉，教授（二级），西南大学博士生导师，中国人工智能学会首批会士，重庆市计算机科学与技术首批学术带头人，第四届教育部科学技术委员会信息学部委员，中共党员。1992年起享受政府特殊津贴。

曾担任中国人工智能学会副理事长、中国数理逻辑学会副理事长、中国计算机学会理事、重庆计算机学会理事长、重庆市人工智能学会理事长、重庆计算机安全学会理事长、重庆软件行业协会理事长、《计算机研究与发展》编委、《计算机科学》编委、《计算机应用》编委、《智能系统学报》编委、科学出版社《科学技术著作丛书·智能》编委、《电脑报》总编、美国IEEE高级会员、美国ACM会员、中国计算机学会高级会员。长期从事非单调推理、近似推理、神经网络、机器学习和分布式人工智能、物联网、云计算、大数据的教学和研究工作。已指导毕业博士后2人、博士生33人、硕士生25人。发表论文420余篇（在国际学术会议和杂志发表人工智能方面的学术论文300余篇，全国性的学术会议和重要核心刊物发表人工智能方面的学术论文100余篇）。出版学术著作《自动推理导论》（电子科技大学出版社，1992年）、《专家系统中的不确定推理——模型、方法和理论》（科学技术文献出版社，1995年）、《人工智能探索》（西南师范大学出版社，1999年）和主编《数据科学与人工智能研究》（西南师范大学出版社，2018年）、《量子人工智能引论》（西南师范大学出版社，2021年）、《计算机基础教程》（西南师范大学出版社，1999年）等图书20余种。主持、主研完成国家"973"项目、"863"项目、自然科学基金、省（市）基金和攻关项目16项。获省（部）级自然科学奖、科技进步奖四项，获省（部）级优秀教学成果奖四项。

《青少年人工智能科普丛书》编委会

主　任　邱玉辉　西南大学教授

副主任　廖晓峰　重庆大学教授

王国胤　重庆师范大学教授

段书凯　西南大学教授

委　员　刘光远　西南大学教授

柴　毅　重庆大学教授

蒲晓蓉　电子科技大学教授

陈　庄　重庆理工大学教授

何　嘉　成都信息工程大学教授

陈　武　西南大学教授

张小川　重庆理工大学教授

马　燕　重庆师范大学教授

葛继科　重庆科技学院教授

总序

人工智能(Artificial Intelligence,缩写为 AI)是计算机科学的一个分支,是建立智能机,特别是智能计算机程序的科学与工程,它与用计算机理解人类智能的任务相关联。AI 已成为产业的基本组成部分,并已成为人类经济增长、社会进步的新的技术引擎。人工智能是一种新的具有深远影响的数字尖端科学,人工智能的快速发展,将深刻改变人类的生活与工作方式。世界各国都意识到,人工智能是开启未来智能世界的钥匙,是未来科技发展的战略制高点。

今天,人工智能被广泛认为是计算机化系统,它以通常认为需要智能的方式工作和反应,比如学习、在不确定和不同条件下解决问题和完成任务。人工智能有一系列的方法和技术,包括机器学习、自然语言处理和机器人技术等。

2016 年以来,各国纷纷制订发展计划,投入重金抢占新一轮科技变革的制高点。美国、中国、俄罗斯、英国、日本、德国、韩国等国家近几年纷纷出台多项战略计划,积极推动人工智能发展。企业将人工智能作为未来的发展方向积极布局，围绕人工智能的创新创业也在不断涌现。

牛津大学的未来人类研究所曾发表一项人工智能调查报告——《人工智能什么时候会超过人类的表现》，该调查报告包含了352名机器学习研究人员对人工智能未来若干年演化的估计。该调查报告的受访者表示，到2026年，机器将能够写学术论文；到2027年，自动驾驶卡车将无须驾驶员；到2031年，人工智能在零售领域的表现将超过人类；到2049年，人工智能可能造就下一个斯蒂芬·金；到2053年，将造就下一个查理·托（注：一位知名的外科医生）；到2137年，所有人类的工作都将实现智能化。

今天，智能的概念和智能产品已随处可见，人工智能的相关知识已成为人们必备的知识。为了普及和推广人工智能，西南大学出版社组织该领域的专家编写了《青少年人工智能科普丛书》。该套丛书的各个分册力求内容科学，深入浅出，通俗易懂，图文并茂。

人工智能正处于快速发展中，相关的新理论、新技术、新方法、新平台、新应用不断涌现，本丛书不可能都关注到，不妥之处在所难免，敬请读者批评和指正。

邱玉辉

前言

你是否曾好奇：为什么手机总能推荐你喜欢的音乐？扫地机器人如何看见障碍物的？能写故事、画漫画的人工智能软件，究竟藏着什么秘密？这些问题的答案，都藏在“机器学习”的奇妙世界里。作为一本为青少年打造的科普书，我们不用深奥术语，而是邀请你走进特别的“课堂”——让机器当“学生”，数据作“课本”，你，将见证它们如何“成长”。

第一讲：机器真的能“学习”吗？——打破认知边界

人类学习是背单词、学骑车，机器的“学习”却大不同。1959年，科学家教会计算机玩跳棋：它通过反复对弈，记住赢棋策略，最终击败人类棋手。这就像你学骑车时不断调整平衡——机器用数据代替“摔跟头”，用算法记录“经验”。如今，AI能分析X光片识别肺炎、“阅读”百万本书理解语言，甚至看动画创作故事。书中将用漫画和故事，带你穿越机器学习的“进化史”，从笨拙的“初代学习者”到能“举一反三”的智能系统，看科学家如何赋予机器“学习力”。

第二讲：会“学习”的机器在忙什么？——生活中的隐形助手

刷短视频时的“猜你喜欢”、医生用AI分析CT片、智能台灯自动调光……这些都是机器学习在工作。它早已潜入农场：无人机拍叶片，AI能判断农作物是否缺水；进入医院：从心电图捕捉人类易忽略的心律失常；甚至它还是“艺术家”：模仿凡·高作画、用周杰伦风格写歌词、设计动画角色。这些案例告诉你:机器学习不是实验室神话,而是融入生活的“超级助手”。

第三讲:机器如何从“小白”变“学霸”? ——拆解学习三秘诀

机器“上课”其实像你学手工:首先需要“课本”——海量数据,比如认猫要几万张不同姿态的照片;然后需要“老师”——算法,比如告诉它“四条腿、长尾巴、胡须”是猫的特征;最后不断“练习”——比如认错狐狸时调整判断标准。书中“动手小剧场”让你用彩色卡片模拟分类水果、用表格记录错误,甚至通过积木理解“神经网络”如何像大脑一样“思考”。不用公式,只需比喻,你就能懂“监督学习”“强化学习”——原来机器“学习”,就是观察、总结、试错的过程。

第四讲:当机器学会“学习”,未来会怎样? ——写给未来共创者

机器越来越“聪明”,会抢走人类工作吗? 书中邀你思考:自动驾驶时代,司机将成为“监督员”;AI辅助诊断时,医生经验仍是核心;机器人画画时,人类创意永远是灵感源。作为与AI共成长的一代,你们的优势无可替代:天马行空的想象、温暖的同理心、对世界的独特提问。或许未来,你会发明更环保的算法、让AI懂人类情绪,甚至重新定义“智慧”的意义——这些答案,等你探索。

这本书不是知识手册,而是未来入场券。它希望你用探索的眼光看世界:看到智能手表时,想想“数据训练”;用翻译软件时,猜猜它如何“理解”语言;和AI对战游戏时,分析它的“学习”策略。科技的神奇背后,是人类对“更美好世界”的追问。

此刻,看看周围:智能音箱等待指令,搜索引擎准备答案,连你看的屏幕都有机器学习优化的算法。这些会“学习”的机器,正在编织智能之网,而你,正是织网人之一。翻开下一页,走进机器的“学习课堂”——这里有好玩的故事、有趣的实验,还有对未来的无限想象。准备好让好奇心与机器的“学习力”一起成长了吗? 旅程,现在开始。

目录

CONTENTS

第一章 机器能学习吗

第一章 机器学习能干什么

第三章 机器是怎么学习的

第四章 机器学习在日常生活中的身影

第五章 机器学习的展望

第六章 机器学习的伦理与社会影响

机器学习

第一章 机器能学习吗

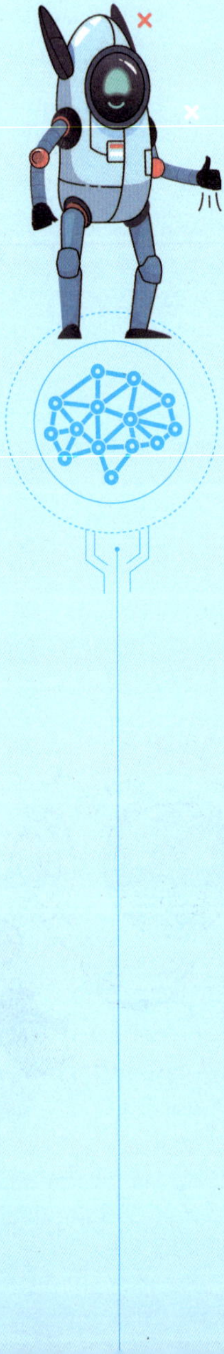

如果一台机器不仅能完成你设定的任务，还能像人类一样，通过观察、学习和推理，自己掌握解决新问题的能力，那将是一个多么令人兴奋的场景！这种看似科幻的场景，其实正是机器学习的核心所在。机器学习，这个听起来既高大上又略带神秘色彩的词汇，正逐渐渗透到我们生活的方方面面，从智能手机上的智能助手到无人驾驶汽车，从医疗诊断到金融风控，无一不闪耀着机器学习的光芒。想象一下，当你打开购物网站，系统能精准地推荐你心仪的商品；当你在社交媒体上发布动态，平台能自动识别出你的好友并推荐给你；甚至当你驾驶汽车时，车辆能智能识别路况并自动调整行驶策略，这一切的背后，都是机器学习的功劳。机器学习，这个让计算机拥有“智慧”的技术，正悄然改变着我们的世界。那么，机器学习究竟是什么？它是如何让计算机变得如此“聪明”的呢？其实，机器学习的原理并不复杂，它就像是一个聪明的孩子，通过不断地观察、尝试和错误，从大量的数据中学习到事物的规律和特征，然后利用这些规律和特征去预测与解决新的问题。简单来说，机器学习就是让计算机通过数据“喂养”，自己学会如何去做事情。

在机器学习的世界里，没有一成不变的规则，只有不断学习和进化的模型。这些模型就像是我们大脑中的神经元网络，通过不断地接收和处理信息，逐渐形成对世界的认知和理解。而机器学习的任务，就是让这些模型更加高效、准确地完成各种任务。从最早的图灵测试提出“机器能思考吗？”的疑问，到如今的机器学习技术遍地开花，人类对于智能的探索从未停止。而机器学习，作为人工智能（英文缩写：AI）的核心技术之一，正引领着我们走向一个更加智能、便捷的未来。在接下来的章节中，我们将一起走进机器学习的奇妙世界，探索它的由来、定义、特性、发展历程、研究范围以及广阔的应用前景。让我们一起揭开机器学习的神秘面纱，感受它带来的无限可能！

1.1 机器学习的由来

1950年，数学家阿兰·图灵在他的论文《计算机器与智能》中，提出了一个震撼人心的问题："机器能思考吗？"这个问题不仅开启了人工智能的新时代，也引发了关于机器智能的无穷想象。图灵认为，如果一台机器能够与人类进行对话，并且不被辨别出其机器的身份，那么这台机器就具备了智能。这就是著名的图灵测试，它成为衡量机器智能的一个重要标准。

图灵不仅是一位杰出的数学家，更是计算机科学和人工智能的奠基人。他被誉为"计算机科学之父"和"人工智能之父"，他的工作为后来的机器学习研究奠定了坚实的基础。在图灵之后，人工智能的研究逐渐兴起，而机器学习作为其中的核心部分，也开始了它的发展历程。

1956年夏天，在美国汉诺威小镇的达特茅斯学院，一群踌躇满志的天才们聚集在一起，试图弄清如何让机器能够像人类一样思考、用自然语言交流，并解决人类现存的各种问题。这次会议被命名为“人工智能夏季研讨会”，这是“人工智能”这个词首次被提出，而达特茅斯会议也被誉为“人工智能的发端”。

在这次会议上，人们开始意识到，学习的每一个方面和智能的任何特征原则上都能被精确描述，并被机器模仿。这一观点为后来的机器学习研究提供了重要的理论指导。从那以后，人工智能的研究历经沉浮，但机器学习的理念却一直在不断发展和完善。(如图1-1所示)

图1-1　机器学习示意图

1997年，一次轰动的人机大战，再次让人工智能进入公众的视线，对战的双方是IBM的超级计算机“深蓝”与世界排名第一的国际象棋冠军加里·卡斯帕罗夫，卡斯帕罗夫年少成名，被誉为有史以来最伟大的棋手，但他一分钟最多能思考三步棋，而与之对战的“深蓝”则存储了一百年来几乎所有顶级大师的开局和残局棋谱，一秒钟能计算两亿步棋，“深蓝”不知疲倦，没有情绪，在赛场上肆无忌惮地高速运算着，卡斯帕罗夫在最后一局决胜局中，仅仅走了十九步便丧失了耐心，恼怒地离场，“深蓝”最终完胜人类代表，这个结果震

撼了整个人类世界，这成了一个划时代的事件。(如图1-2所示)

图1-2　计算机与人下棋示意图

2011年的一个深夜，纽约州波基普西市的一栋白色建筑里，90台服务器组成的“钢铁军团”正进行着人类历史上最特殊的“高考冲刺”。这些黑色机箱闪烁的指示灯犹如神经元突触，在模拟人类最引以为傲的思维活动——IBM工程师们给这个庞然大物起了个亲切的名字：沃森。它的对手不是计算竞赛中的同行，而是《危险边缘》节目史上奖金王肯·詹宁斯和布拉德·鲁特这两位“最强大脑”。

沃森的“大脑”由90台Power750处理器构成，每秒能执行80万亿次运算，相当于全球70亿人每人每秒做1143次数学运算。这个“超级书虫”在四年里“吞下”了2亿页文本资料，包括百科全书、文学名著等。工程师们采用“深度学习”算法，让沃森像备考学生般在题库中反复刷题——它分析了20万道题目，建立了一个庞大的语言模型的“错题本”。

最精妙的设计在于其“自然语言解析器”。当主持人提问“莎士比亚戏剧中唯一以动物命名的女主角是谁?”时,沃森不会机械匹配关键词,而是像考生分析考题般拆解问题结构:先定位“莎士比亚戏剧”这个知识领域,再筛选“动物命名”和“女主角”两个限定条件,最终在0.3秒内锁定正确答案。

比赛当天,沃森胸前的AVATAR指示灯随着思考强度变换颜色,俨然是个会呼吸的钢铁参赛者。当遇到“20世纪50年代美国流行歌手,歌曲含‘see you later alligator’”时,它瞬间调取关联记忆:比尔·海利与彗星合唱团在1956年发行的《See You Later, Alligator》,正是摇滚乐早期的标志性作品。这种跨时代的知识串联能力,让现场观众亲眼看见了机器思维的“顿悟时刻”。

最富戏剧性的是关于“芝加哥熊队”的题目。主持人刚念完“这支橄榄球队因何得名?”沃森与两位人类选手几乎同时按下抢答器。当电子音报出“他们训练基地靠近熊出没的森林”时,肯·詹宁斯懊恼地摇头:“我知道正确答案,但沃森抢答速度比我快了0.1秒!”

这场人机对决的震撼不仅在于胜负本身。沃森展现的“概率性思维”颠覆了传统AI模式——它不是寻找唯一解,而是像人类专家那样评估多个可能答案的置信度。这种“思考过程可视化”技术,让工程师能观察到机器如何权衡“拿破仑战败滑铁卢”与“莫斯科寒冬是失败主因”两种说法的可信度。

赛后分析显示,沃森在“双关语理解”和“隐喻解析”类题目中表现尤为突出。例如面对“什么东西越洗越脏?”的经典谜题,它能瞬间排除“衣服”“盘子”等常规答案,直击“水”的本质属性。这种跳出知识库框架的推理能力,预示着AI正在突破“数据奴隶”的桎梏。

如今,进化后的沃森系统已应用于医疗诊断、药物研发等领域。

但那个在演播厅里闪烁的蓝色巨人，永远镌刻着人工智能发展史上的里程碑——当机器开始像人类一样备考、思考甚至抢答时，我们不得不重新思考：智能的边界究竟在何处？或许正如《危险边缘》节目名暗示的，这场认知革命才刚刚开始，而人类与机器的智慧博弈，正站在新的危险而迷人的边缘。（如图1-3所示）

图1-3　机器人参与答题

2016年3月的首尔四季酒店，一场注定要载入史册的对决正在上演。身着黑色西装的李世石九段凝视着棋盘，耳畔回响着落子时玉石相击的清脆声响。他或许不会想到，对面这位看不见的对手，正在用每秒数万亿次的计算量重构人类延续了三千年的围棋智慧。AlphaGo的“大脑”由48个谷歌TPU处理器构成，这种专为深度学习设计的芯片，让神经网络运算速度比传统CPU快30倍。其双神经网络架构如同左右互搏：策略网络负责预测下一步的走法概率，价值网络则评估当前局面的胜率。这种“上帝视角”让AI能同时推演数万种变化，而人类棋手穷尽一生也只能记住数千种定式。

在第二局的关键时刻，AlphaGo祭出第37手的“天外飞仙”。这步棋脱离所有传统定式，如同在星空中突然划过的彗星。李世石盯着这步棋，十五分钟的沉默里，他或许正经历着职业棋手最恐惧的瞬间——对手的思维已超越人类经验范畴。这手棋的价值网络评估显示，AI认为此处隐藏着让对手崩溃的“胜率断点”。

围棋AI的进化史堪称武侠传奇。从以前的“手谈”程序仅能战胜业余初段，到AlphaGo击败欧洲冠军樊麾，再到这场人机大战，如同江湖新秀挑战武林盟主。第二局中，AlphaGo展现的“脱谱”技巧尤为惊人：它连续3手棋都未出现在任何人类棋谱中，这种创造力让观战的围棋大师们惊呼：“这简直是武侠小说里的‘无招胜有招’！”

技术解析显示，这步棋的诞生源于深度强化学习的“自我对弈”。在训练阶段，AlphaGo左右互搏3000万局，每局都是不同风格的“性格分裂”。这种变态级的练习量，相当于让人类棋手每天下100盘棋，持续80年不间歇。当李世石还在回忆棋谱时，AlphaGo早已在虚拟空间中遍历了无数种可能。这步棋的余波远超出棋盘。赛后分析发现，AlphaGo的第37手让围棋界开始重新评估“棋之止道”。传统认为“金角银边草肚皮”的布局定律，在AI的暴力计算下显得脆弱不堪。就像哥伦布发现新大陆，棋手们突然意识到：棋盘上还存在未被人类认知的“价值洼地”。这场对决引发的AI热潮，甚至改变了科技公司的战略方向。谷歌DeepMind团队使用的蒙特卡洛树搜索(MCTS)与深度神经网络结合的技术，迅速被应用到药物研发、材料科学等领域。正如围棋界开始用AI辅助训练，整个人类知识体系都在经历着“电子军师”的洗礼。

如今回望这场对决，我们恍然发现：当李世石在棋盘前陷入沉思时，人类正集体经历着认知升级的阵痛。AlphaGo落下的不仅是棋子,更是撬动人类智慧边界的支点。这场人机博弈的深层意义,或许正如《棋魂》动漫中那句台词,棋士的使命,就是连接远古与未来。而AlphaGo,正是那个让我们窥见未来智能形态的“时空之门”。(如图1-4所示)

图1-4　人机对弈示意图

1.2 机器学习的定义

既然机器是有可能自己学习事物规律的，那么如何才能让它学到规律呢？我们先来看一个故事。

猫妈妈让小猫去捉老鼠，小猫问："老鼠是什么样子啊？"

猫妈妈说："老鼠长着胡须。"结果小猫找来一头大蒜。

猫妈妈又说："老鼠有四条腿。"结果小猫找来一个板凳。

猫妈妈再说："老鼠有一条尾巴。"结果小猫找来一个萝卜。

在这个故事里，小猫就是一个基于规则的计算机程序，它完全听命于开发者猫妈妈的指令行事。但是因为三次指令都不够全面，结果，三次都得出了错误的结果。如果要把小猫变成一个基于机器学习模型的计算机程序，猫妈妈该怎么做呢？

猫妈妈应该这样做，应该给小猫看一些照片，并告诉小猫，有些是老鼠，有些不是。（如图1-5所示）

图1-5 老鼠和其他动物

猫妈妈可以先告诉小猫：要注意老鼠的耳朵、鼻子和尾巴。

然后小猫通过对比总结发现：老鼠的耳朵是圆形的，别的动物要么没耳朵，要么不是圆形的耳朵；老鼠都有尾巴，比如有的动物有，有的没有；老鼠的鼻子是尖的，别的动物不一定是这样。

然后小猫就用自己学习到的“老鼠是圆耳朵、有尾巴、尖鼻子的动物”这样的信念去抓老鼠，那么小猫就成了一个“老鼠分类器”。

小猫（在此处类比一个计算机程序）是机器，它成为“老鼠分类器”的过程，就叫作学习。

猫妈妈给小猫的那些照片，是用于学习的数据。

猫妈妈告知小猫要注意的几点，是这个分类器的特征。

学习的结果——老鼠分类器——是一个模型。这个模型的类型可能是逻辑回归，或者朴素贝叶斯，或者决策树……总之是一个分类模型。

小猫思考的过程就是算法。

小猫通过观察图片总结学习过程获得的，就是给图片打钩打叉的能力。如果小猫已经能够给图片打钩或者打叉了，就说明它已经是一个学习成的模型了。

我们来看另一个案例。

我的一个朋友小Y，他就不是那么守时，最常见的表现是他经常迟到。当有一次我跟他约好3点钟在某个麦当劳见面时，在我出门的那一刻我突然想到一个问题：我现在出发合适吗？我会不会又到了地点后，花上30分钟去等他？我决定采取一个策略解决这个问题。

要想解决这个问题，有好几种方法。第一种方法是采用知识：

搜寻能够解决这个问题的知识。但很遗憾,没有人会把如何等人这个问题作为知识传授,因此不可能找到已有的知识来解决这个问题。第二种方法是问他人:去询问他人获得解决这个问题的能力。但是同样的,这个问题没有人能够解答,因为可能没人碰上跟我一样的情况。第三种方法是准则法:我问自己的内心,我是否设立过什么准则去面对这个问题?例如,无论别人如何,我都会守时到达。但我不是个死板的人,我没有设立过这样的规则。

事实上,我相信有种方法比以上三种都合适。把过往跟小Y相约的经历在脑海中重现一下,看看跟他相约的次数中,迟到占了多大的比例。利用这来预测他这次迟到的可能性。如果这个值超出了心里的某个界限,那就选择等一会儿再出发。假设我跟小Y约过5次,他迟到的次数是1次,那么他按时到的比例为80%,我心中的阈值为70%,我认为这次小Y应该不会迟到,因此我按时出门。如果小Y在5次迟到的次数中占了4次,也就是他按时到达的比例为20%,由于这个值低于我的阈值,因此我选择推迟出门的时间。这个方法从它的利用层面来看,又称为经验法。在经验法的思考过程中,我事实上利用了以往所有相约的数据。因此也可以称之为依据数据做的判断。

再把这个故事深度发挥一下,假设我把时间作为自变量,譬如我发现小Y所有迟到的日子基本都是星期五,而在非星期五情况下他基本不迟到。于是我可以建立一个模型来模拟小Y迟到与否跟日期是否是星期五的概率。

这样的图就是一个最简单的机器学习模型,称之为决策树。(如图1-6所示)

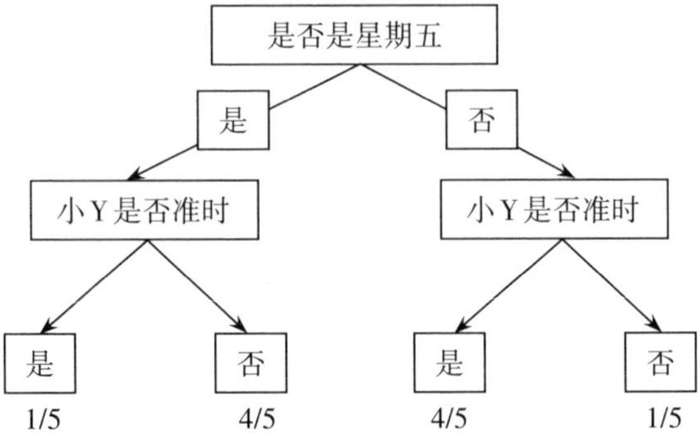

图1-6 决策树

再复杂一点，假设小Y的迟到跟天气也有一定的原因，如果我希望能够预测小Y迟到的具体时间，我可以把他每次迟到的时间跟雨量的大小以及前面考虑的自变量统一建立一个模型。于是我的模型可以预测值，例如他大概会迟到几分钟。这样可以帮助我更好地规划我出门的时间。在这样的情况下，决策树就无法很好地支撑了，因为决策树只能预测离散值。我们可以采用线性回归的方法建立这个模型。

所以，机器学习方法是计算机利用已有的数据（经验），得出某种模型（迟到的规律），并利用此模型预测未来（是否迟到）的一种方法。

通过以上案例分析，我们可以对学习给出如下的解释：学习是一个有特定目的知识获取和能力增长的过程，其内在行为是获得知识、积累经验、发现规律等，其外部表现是改进性能、适应环境、实现自我完善等。

机器学习又是怎样一门学科呢？机器学习是利用计算机辅助工具来为人类创造价值，机器学习是一个新的领域，它是实现人工智能与生活生产有机结合而兴起的一门学科。

机器学习有下面几种定义：

(1)机器学习是一门人工智能的科学，该领域的主要研究对象是人工智能，特别是如何在经验学习中改善具体算法的性能。

(2)机器学习是对能通过经验自动改进的计算机算法的研究。

(3)机器学习是用数据或以往的经验，优化计算机程序的性能标准。

1.3 机器学习的特性

随着人工智能的不断发展，而作为人工智能领域里最实用的子领域，机器学习自然也很热。机器学习其实早已被用于解决很多问题，例如，垃圾邮件识别、图片分类、广告点击率预测等。

假设有一家电话公司，它的网络中每周产生数十亿次的呼叫。我们怎样才能在海量的数据中找到欺诈行为的线索呢？这好比“大海捞针”，这时候就需要机器学习了。当然，天真的孩子们已经有了一个解决问题的方法：“为什么不用一个强力磁铁把细针吸出来？”当我们在训练机器识别欺诈者时，我们需要给它提供一个更强力的磁铁才能把针吸引出来。我们的“磁铁”就是发现疑似欺诈者的行为规律的能力。这样一个机器能更加准确地识别可疑手机号的规律，并且能够将它们从普通用户所拨打的许许多多电话中找出来。当下的反欺诈功能是基于对某些行为特征或属性的简单分析。这些特征包括：某个号码与其他网内外号码的通话记录，某张预付费SIM卡的使用时长，单项呼叫的百分比（指被呼叫方未回电的情况）和被拒绝接听的百分比等。（如图1-7所示）

图1-7　机器学习识别电信诈骗示意图

英国剑桥大学研究人员设计出一种新的机器学习算法来寻找药物，其效率已被证明是目前行业标准的两倍，有助新药开发提速。研究成果发表在近期出版的美国《国家科学院院刊》上。研究人员用222个活性分子开始建模，已能够从计算角度对其他600万个分子进行筛选。由此，研究人员从中筛选出100种最相关的分子，再从这些分子中找到了4种可以激活可能与阿尔茨海默病和精神分裂症有关的CHRM1受体的新分子。

“从600万个分子中筛选出4种活性分子，就像在大海捞针一样，”李博士说：“详细比较显示，新算法效率是行业标准的两倍。”目前研究人员正在完善该算法，预测合成复杂有机分子的方法，以及将机器学习方法扩展到新材料设计领域。

从个性化的新闻订阅到更好的广告定位，社交媒体平台都在利用机器学习为自己和用户带来好处。这里有几个关于社交媒体应用的例子，可能你都没有意识到这些美妙的功能都是机器学习的应用程序。

你可能认识的人:机器学习的核心概念是用经验去理解。Facebook会不断地注意到你所联系的朋友、你经常访问的个人资料、你的兴趣、工作场所或与他人分享的群等。在不断学习的基础上,建议可能成为你Facebook的朋友。

面部识别:你上传一张你和朋友的照片,Facebook会立即识别出你的朋友。Facebook会检查图片中的姿势和投影,注意这些独特的功能,然后将它们与好友列表中的人进行匹配。后端的整个机器学习过程很复杂,并且考虑到了精度等因素,但呈现到前端的只是一个简单的应用。

购物网站推荐几天前你在网上买了一个商品,然后你不断收到关于购物建议的电子邮件;有时购物网站或应用程序会向你推荐一些符合你口味的商品。当然,这可以改善购物体验,但你知道这背后是机器学习的推荐算法吗?根据你对网站/应用程序的行为、过去购买的商品、喜欢或添加到购物车的商品、品牌偏好等,算法会针对每个消费者提出购物推荐。(如图1-8所示)

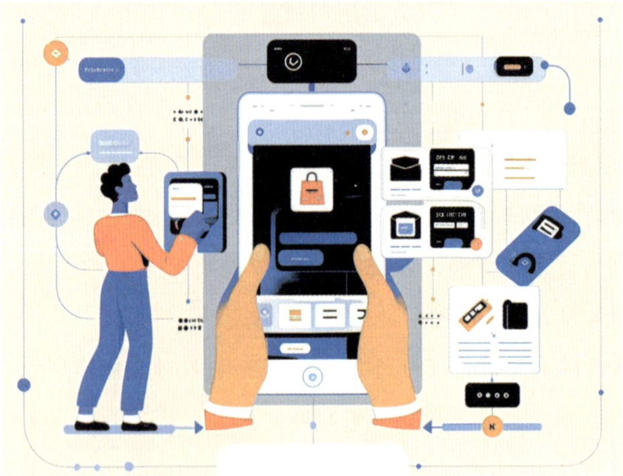

图1-8 购物推荐示意图

在2010年以前,机器学习的应用在某些特定领域发挥了巨大的作用,例如,车牌识别,网络攻击防范,手写字符识别,等等。但是,从2010年以后,随着大数据概念的兴起,机器学习大量的应用都与大数据高度耦合,几乎可以认为大数据是机器学习应用的最佳场景。百度预测2014年世界杯,从淘汰赛到决赛全部预测正确。这些实在太神奇了,那么究竟是什么原因导致大数据具有这些魔力的呢?简单来说,就是机器学习技术。正是基于机器学习技术的应用,数据才能发挥其魔力。

大数据的核心是利用数据的价值,机器学习是利用数据价值的关键技术,对于大数据而言,机器学习是不可或缺的。相反,对于机器学习而言,越多的数据会越可能提升模型的精确性,同时,复杂的机器学习算法的计算时间也迫切需要分布式计算与内存计算这样的关键技术。因此,机器学习的兴盛也离不开大数据的帮助。大数据与机器学习两者是互相促进,相依相存的关系。

我们把机器学习的过程与人类思考的过程做个类比。(如图1-9所示)

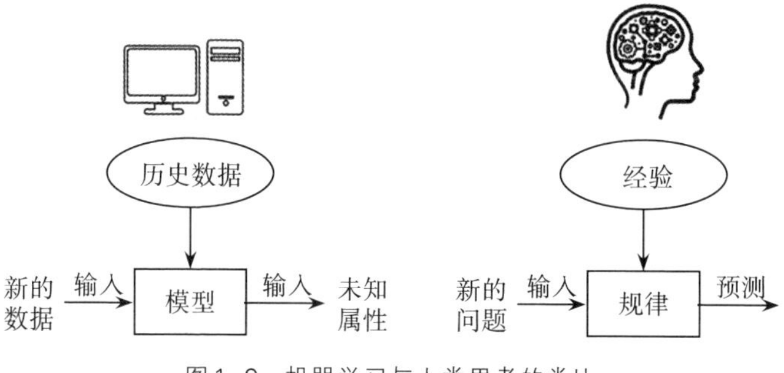

图1-9 机器学习与人类思考的类比

人类在成长、生活过程中积累了很多的历史与经验。人类定期地对这些经验进行“归纳”,获得了生活的“规律”。当人类遇到未知的问题或者需要对未来进行“推测”的时候，人类使用这些“规律”，对未知问题与未来进行“推测”，从而指导自己的生活和工作。（如图1-10所示）

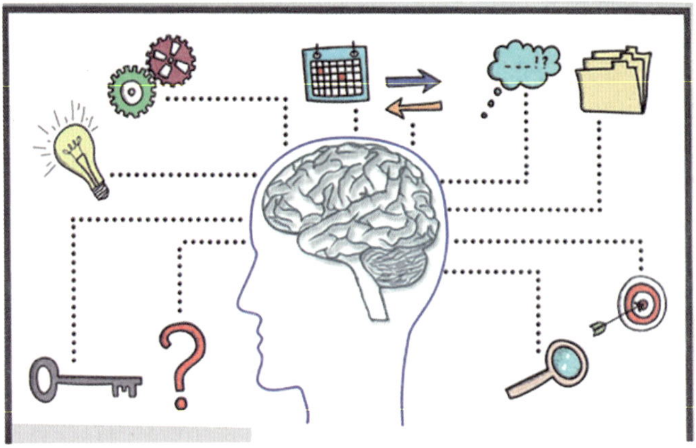

图 1-10　人类思考过程

机器学习中的“训练”与“预测”过程可以对应到人类的“归纳”和“推测”过程。通过这样的对应，我们可以发现，机器学习的思想并不复杂，仅仅是对人类在生活中学习成长的一个模拟。由于机器学习不是基于编程形成的结果，因此它的处理过程不是因果的逻辑，而是通过归纳思想得出的相关性结论。（如图 1-11 所示）

图 1-11　机器学习过程示意图

这也可以联想到人类为什么要学习历史，历史实际上是人类过往经验的总结。有句话说得很好，历史往往不一样，但历史总是惊人的相似。通过学习历史，我们从历史中归纳出人生与国家的规律，从而指导我们的下一步工作，这是具有莫大价值的。当代一些人忽视了历史的本来价值，而是把其作为一种宣扬功绩的手段，这其实是对历史真实价值的一种误用。

机器学习在编程范式以及处理的数据等方面和传统的编程有较大不同，总结机器学习的几个特点。

1. 编程范式

在经典的程序设计（即符号主义人工智能的范式）中，人们输入的是规则（即程序）和需要根据这些规则进行处理的数据，系统输出的是答案。利用机器学习，人们输入的是数据和从这些数据中预期得到的答案，系统输出的是规则或者叫模型。这些规则随后可应用于新的数据，并使计算机自主生成答案。

机器学习系统是训练出来的，而不是明确地用程序编写出来的。将与某个任务相关的许多示例输入机器学习系统，它会在这些示例中找到统计结构，从而最终找到规则将任务自动化。

2. 数据

在处理数据方面，传统的编程处理的数据往往都是简单的数据或存在数据库里的关系型数据，经常的操作是对数据的增删改查（CRUD）操作，而机器学习处理的数据一般都是很大的数据，经常把它叫作数据集，为了高效处理这些数据，我们需要用到向量、矩阵或多维数组来存储和表达。所以，我们需要了解、熟悉并习惯使用多维数组来进行数据存储、变换。

3. 工程性强

机器学习领域工程性强，或者说实践性强。由于这一领域是靠实验结果而不是理论指导的，所以只有当合适的数据和硬件可用于尝试新想法时，才可能出现算法上的改进。机器学习不是数学或物理学，靠一支笔和一张纸就能实现重大进展，这或许是人工智能一路曲折发展的一个因素。它是一门工程科学。

4. 维度

在物理学上，认为我们生活的空间是个三维空间，加上时间，大家认为就是四维，但是在数学领域，可以由三维上升到N维空间，数学上的理解有所不同。在意识领域，也可以有多维的概念，人工智能处理的数据，从数学上讲就是高维度的数据。

1.4 机器学习的发展历程

从20世纪50年代研究机器学习以来，不同时期的研究途径和目标并不相同，可以划分为四个阶段。

第一阶段是20世纪50年代中叶到60年代中叶，这个时期主要研究"有无知识的学习"，这类方法主要是研究系统的执行能力。这个时期，主要通过对机器的环境及其相应性能参数的改变来检测系统所反馈的数据，就好比给系统一个程序，通过改变它们的自由空间作用，系统将会受到程序的影响而改变自身的组织，最后这个系统将会选择一个最优的环境生存。在这个时期最具有代表性的研究就是Samuet的下棋程序。但这种机器学习的方法还远远不能满足人类的需要。

第二阶段从20世纪60年代中叶到70年代中叶，这个时期主要研究将各个领域的知识植入到系统里。在本阶段的目的是通过机器模拟人类学习的过程。同时还采用了图结构及其逻辑结构方面的知识进行系统描述，在这一研究阶段，主要是用各种符号来表示机器语言，研究人员在进行实验时意识到学习是一个长期的过程，从这种系统环境中无法学到更加深入的知识，因此研究人员将各专家学者的知识加入系统里，经过实践证明这种方法取得了一定的成效。在这一阶段具有代表性的工作有Hayes-Roth和Winson的结构学习系统的方法。

第三阶段从20世纪70年代中叶到80年代中叶，称为复兴时期。在此期间，人们从学习单个概念扩展到学习多个概念，探索不同的学习策略和学习方法，且在本阶段已开始把学习系统与各种应用结合起来，并取得很大的成功。同时，专家系统在知识获取方面的需求也极大地刺激了机器学习的研究和发展。在出现第一个专家学习系统之后，示例归纳学习系统成为研究的主流，自动知识获取成为机器学习应用的研究目标。1980年，在美国的卡内基梅隆（CMU）召开了第一届机器学习国际研讨会，标志着机器学习研究已在全世界兴起。此后，机器学习开始得到了大量的应用。Strategic Analysis and Information System国际杂志连续三期刊登有关机器学习的文章。1984年，由Simon等20多位人工智能专家共同撰文编写的Machine Learning文集第二卷出版，国际性杂志Machine Learning创刊，更加显示出机器学习突飞猛进的发展趋势。这一阶段代表性的工作有Mostow的指导式学习、Lenat的数学概念发现程序、Langley的BACON程序及其改进程序。

第四阶段从20世纪80年代中叶到现在，是机器学习的最新阶段。这个时期的机器学习具有如下特点：

（1）机器学习已成为新的边缘学科，它综合应用了心理学、生物学、神经生理学、数学、自动化和计算机科学等，形成了机器学习理论基础。

（2）融合了各种学习方法，且形式多样的集成学习系统研究正在兴起。

（3）机器学习与人工智能各种基础问题的统一性观点正在形成。

（4）各种学习方法的应用范围不断扩大，一部分应用研究成果已转化为商品。

1.5 机器学习的研究范围

其实，机器学习跟模式识别、数据挖掘、统计学习、计算机视觉、语音识别、自然语言处理等领域有着很深的联系。

从范围上来说，机器学习跟模式识别、统计学习、数据挖掘是类似的，同时，机器学习与其他领域的处理技术的结合，形成了计算机视觉、语音识别、自然语言处理等交叉学科。因此，一般说数据挖掘时，可以等同于说机器学习。同时，我们平常所说的机器学习应用，应该是通用的，不仅仅局限在结构化数据，还有图像，音频等应用。

这节对机器学习相关领域的介绍有助于我们理清机器学习的应用场景与研究范围，更好地理解后面的算法与应用层次。

图1-12是机器学习相关领域。

图1-12　机器学习与相关领域

1. 模式识别

模式识别=机器学习。两者的主要区别在于前者是从工业界发展起来的概念，后者则主要源自计算机学科。在著名的《模式识别与机器学习》这本书中，Christopher M. Bishop在开头是这样说的，模式识别源自工业界，而机器学习来自计算机学科。不过，它们的活动可以被视为同一个领域的两个方面，同时在过去的10年间，它们都有了长足的发展。

2. 数据挖掘

数据挖掘=机器学习+数据库。这几年数据挖掘的概念实在是太耳熟能详。但凡说数据挖掘都会吹嘘数据挖掘如何如何，例如，从数据中挖出金子，以及将废弃的数据转化为价值等等。但是，我尽管可能会挖出金子，但我也可能挖出的是“石头”啊。这个说法的意思是，数据挖掘仅仅是一种思考方式，告诉我们应该尝试从数据中挖掘出知识，但不是每个数据都能挖掘出金子的，所以不要神化它。一个系统绝对不会因为上了一个数据挖掘模块就变得无所不能，恰恰相反，一个拥有数据挖掘思维的人员才是关键，而且他还必须对数据有深刻的认识，这样才可能从数据中导出模式指引业务的改善。大部分数据挖掘中的算法是机器学习的算法在数据库中的优化。

3. 统计学习

统计学习近似等于机器学习。统计学习是个与机器学习高度重叠的学科。因为机器学习中的大多数方法来自统计学，甚至可以认为，统计学的发展促进机器学习的繁荣昌盛。例如，著名的支持向量机算法，就是源自统计学科。但是在某种程度上两者是有区别的，这个区别在于：统计学习者重点关注的是统计模型的发展与优化，偏数学，而机器学习者更关注的是能够解决问题，偏实践，因此机器学习研究者会重点研究学习算法在计算机上执行的效率与准确性的提升。

4.计算机视觉

计算机视觉=图像处理+机器学习。图像处理技术用于将图像处理为适合进入机器学习模型中的输入,机器学习则负责从图像中识别出相关的模式。计算机视觉相关的应用非常多,例如百度识图、手写字符识别、车牌识别等应用。这个领域是应用前景非常火热的,同时也是研究的热门方向。随着机器学习的新领域——深度学习的发展,大大促进了计算机图像识别的效果,因此未来计算机视觉界的发展前景不可估量。

5.语音识别

语音识别=语音处理+机器学习。语音识别就是音频处理技术与机器学习的结合。语音识别技术一般不会单独使用,一般会结合自然语言处理的相关技术。目前的相关应用有苹果的语音助手Siri等。

6.自然语言处理

自然语言处理=文本处理+机器学习。自然语言处理技术主要是让机器理解人类的语言的一门领域。在自然语言处理技术中,大量使用了编译原理相关的技术,例如词法分析,语法分析,等等,除此之外,在理解这个层面,则使用了语义理解,机器学习等技术。作为唯一由人类自身创造的符号,自然语言处理一直是机器学习界不断研究的方向。按照某些机器学习专家的说法,听与看,说白了就是阿猫和阿狗都会的,而只有语言才是人类独有的。如何利用机器学习技术进行自然语言的深度理解,一直是工业和学术界关注的焦点。

可以看出机器学习在众多领域的外延和应用。机器学习技术的发展促进了很多智能领域的进步,改善着我们的生活。

1.6 机器学习的应用

1.6.1 概述

在科技日新月异的今天，机器学习如同一股神秘而又强大的力量，悄然渗透进了我们生活的方方面面。它不仅在军事领域大显身手，更在民用领域绽放光彩，展现出其广泛的应用领域。今天，就让我们一同踏上这场关于机器学习的奇妙应用之旅吧！

当我们谈论机器学习时，一个绕不开的话题便是“数据分析”与“数据挖掘”。这两个词，就像一对形影不离的好伙伴，经常被人们相提并论。虽然它们在某些场合下似乎可以互换使用，但实际上，它们各自有着独特的魅力。数据分析，像是一个严谨的学者，它用统计学的方法对收集来的数据进行详细的研究和概括总结，从而提取出有用的信息，形成结论。数据挖掘，就像是一个淘金者，在茫茫的数据海洋中，寻找那些隐藏的、有价值的宝藏。它通过各种方法和手段，从大量的、不完全的、有噪声的、模糊的、随机的数据中，提取出隐含在其中的、事先未知的、但又是潜在有用的信息和知识。简单来说，数据分析与挖掘，就像是两位默契十足的侦探，携手合作，共同揭开数据的神秘面纱。

在数据分析与挖掘的世界里，机器学习无疑扮演着举足轻重的角色。它就像是一把神奇的钥匙，能够打开数据宝库的大门，让我们得以窥见其中的奥秘。机器学习提供了丰富的统计分析工具和知识发现手段，能够高效地处理和分析海量的数据。同时，借助数据存取机制，我们能够实现数据的高效读写，让数据分析与挖掘变得更加轻松和便捷。在2012年，Hadoop这一大数据处理平台也加入了机器学习的行列，这无疑为机器学习在数据分析与挖掘领域的应用注入了新的活力。(如图1-13所示)

图1-13 数据分析

2013年，Cloudera收购Myrrix共创Big Learning，从此，机器学习俱乐部多了一名新会员。Hadoop和便宜的硬件使得大数据分析更加容易，随着硬盘和CPU越来越便宜，以及开源数据库和计算框架的成熟，创业公司甚至个人都可以进行TB级以上的复杂计算。Myrrix从Apache Mahout项目演变而来，是一个基于机器学习的实时可扩展的集群和推荐系统。

Myrrix创始人Owen在其文章中提到：机器学习已经是一个有几十年历史的领域了，为什么大家现在这么热衷于这项技术？因为大数据环境下，更多的数据使机器学习算法表现得更好，机器学习算法能从数据海洋提取更多有用的信息；Hadoop使收集和分析数据的成本降低，学习的价值提高。Myrrix与Hadoop的结合是机器学习、分布式计算和数据分析与挖掘的联姻,这三大技术的结合让机器学习应用场景呈爆炸式的增长,这对机器学习来说是一个千载难逢的好机会。

那么,机器学习在数据分析与挖掘中到底有哪些具体的应用呢?

在市场营销领域,机器学习能够帮助企业分析消费者的行为模式和购买偏好,从而制定更加精准的营销策略。通过对历史数据的挖掘和分析,机器学习能够预测出消费者的未来需求,帮助企业提前布局市场,抢占先机。

在金融行业领域,机器学习被广泛应用于风险评估和欺诈检测。通过对大量的交易数据进行分析和挖掘,机器学习能够识别出潜在的欺诈行为和高风险交易,为金融机构提供及时的风险预警和决策支持。

在医疗健康领域,机器学习更是发挥着不可替代的作用。通过对患者的病历、检查结果和药物使用记录等数据进行挖掘和分析,机器学习能够辅助医生进行疾病诊断和治疗方案的制定。同时,它还能够预测患者的疾病发展趋势,为患者的康复提供有力的支持。

除了数据分析与挖掘之外,机器学习在图像处理领域也有着广泛的应用。在这个数字化时代,图像已经成为我们获取信息的重要途径之一。而机器学习则能够帮助我们更好地理解和处理这些图像信息。

在人脸识别领域,机器学习算法能够通过分析人脸的特征和纹理信息,实现快速准确的人脸识别。无论是在机场、火车站等交通枢纽进行身份验证,还是在手机等智能设备上实现人脸解锁功能,机器学习都发挥着至关重要的作用。

在医学影像分析领域,机器学习能够辅助医生进行病变检测和诊断。通过对医学影像数据的挖掘和分析,机器学习能够识别出病变区域和特征,为医生提供准确的诊断依据。这不仅提高了医生的诊断效率,还降低了漏诊和误诊的风险。

此外,机器学习在自动驾驶、智能家居、语音识别等领域也有着广泛的应用。在自动驾驶领域,机器学习能够通过对道路和交通状况的分析和预测,实现车辆的自主导航和避障功能。在智能家居领域,机器学习能够学习用户的习惯和喜好,为用户提供个性化的智能家居服务。在语音识别领域,机器学习能够识别和理解用户的语音指令,实现人机之间的自然交互。

随着技术的不断进步和应用场景的不断拓展,机器学习的应用前景将越来越广阔。它不仅能够帮助我们更好地理解和处理数据,还能够为我们提供更加智能、便捷和个性化的服务。在这个充满机遇和挑战的时代,让我们共同期待机器学习为我们带来更多的惊喜和改变吧!

1.6.2 机器学习的应用领域

在这场关于机器学习的奇妙应用之旅中,我们不仅看到了它在数据分析与挖掘领域的强大实力,还领略了它在图像处理、自动驾驶、智能家居和语音识别等领域的广泛应用。机器学习的出现,不仅改变了我们的生活方式和工作方式,还为我们打开了通往更加智能、便捷和美好未来的大门。让我们一起期待并拥抱这个充满无限可能的机器学习时代吧!

1. 模式识别

在科技飞速发展的今天,我们生活在一个被各种智能设备环绕的世界里。从智能手机到智能家居,从自动驾驶到人工智能助手,这些设备仿佛都拥有了“智慧”,能够理解和响应我们的需求。而这一切的背后,都离不开一个关键技术——模式识别。

模式识别,这个听起来有些高大上的术语,其实与我们的生活息息相关。它起源于工程领域,但与计算机科学的结合,让它焕发出了新的生机。简单来说,模式识别就是研究如何让计算机能够像人一样,去感知和识别各种对象。这既涉及对生物体(包括人)感知对象方式的研究,也涉及如何用计算机实现模式识别的理论和方法。

在模式识别的世界里,有两个重要的研究方向。一个方向是研究生物体是如何感知对象的,这属于认识科学的范畴。科学家们通过观察和研究人类和动物的感知过程,试图揭示其中的奥秘,并将这些原理应用到计算机系统中。另一个方向则是在给定的任务下,如何用计算机实现模式识别的理论和方法。

模式识别的应用领域非常广泛,几乎涵盖了我们生活的方方面面。在计算机视觉领域,模式识别技术被用来实现图像和视频的自动分析和理解。医学图像分析则利用模式识别技术来辅助医生进行疾病的诊断和治疗。光学文字识别技术则让我们能够轻松地将纸质文档转化为电子文档,大大提高了工作效率。自然语言处理、语音识别、手写识别等技术则让计算机能够“听懂”和“看懂”人类的语言和书写,实现了人与计算机之间的自然交互。生物特征识别技术更是为我们提供了一种更加安全、便捷的身份鉴定方式。

说起生物特征识别技术,就不得不提人脸识别了。近年来,人脸识别技术的发展可谓日新月异。从最初的简单人脸检测到现在的复杂场景下的高精度人脸识别,这项技术已经取得了长足的进步。人脸检测是人脸识别系统的第一步,也是非常重要的一步。它能够在复杂的背景中准确地定位出人脸的位置,为后续的人脸识别提供有力的支持。

人脸识别技术的发展，离不开人机交互方式的不断进步。从最初的单一文本形式到后来的图形用户界面，人机交互方式一直在向着更加自然、友好的方向发展。如今，智能人机接口的概念已经被提出，人们希望计算机能够具有或部分具有人的某些智能，让计算机与人的交流变得像人与人之间的交流一样轻松自如。而人脸识别技术，正是实现这一愿景的关键技术之一。

与传统的身份鉴定方式相比，人脸识别技术具有诸多优势。传统的身份鉴定方式，如口令、信用卡、身份卡等，存在携带不便、容易遗失、密码易被破解等问题。而人脸识别技术则通过利用个体特有的生理特征（如人脸）来进行身份识别和验证，具有更高的安全性和可靠性。即使人们遗忘了密码或丢失了卡片，他们的生物特征也不会丢失或遗忘。（如图 1–14 所示）

图 1–14　人脸识别示意图

除了人脸识别技术外，模式识别领域还有许多其他有趣的技术和应用。例如，指纹识别技术，它通过对指纹纹理的分析和比对来实现身份识别和验证。虹膜识别技术则利用虹膜的独特纹理来进行身份鉴定，具有更高的精度和安全性。掌纹识别、声纹识别等技术也都在各自的领域发挥着重要作用。

在模式识别技术的发展过程中，机器学习算法的应用起到了至关重要的作用。机器学习算法能够通过对大量数据的分析和学习，找到数据中的规律和模式，从而实现对未知数据的准确识别。这种能力使得机器学习算法在模式识别领域具有广泛的应用前景。

以人脸识别为例，机器学习算法可以通过对大量人脸图像的学习和分析，提取出人脸的特征和规律。然后，它可以根据这些特征和规律来对未知的人脸图像进行识别和分类。这种基于数据驱动的方法不仅提高了人脸识别的精度和效率，还使得人脸识别技术能够适应更加复杂和多变的环境。（如图 1-15 所示）

随着技术的不断进步和应用场景的不断拓展，模式识别与机器学习的关系越来越密切。许多国外的书籍甚至将模式识别与机器学习综合在一本书里讲述，足见它们之间的紧密联系。在未来，随着人工智能技术的不断发展，模式识别与机器学习的结合将会为我们带来更多的惊喜和改变。

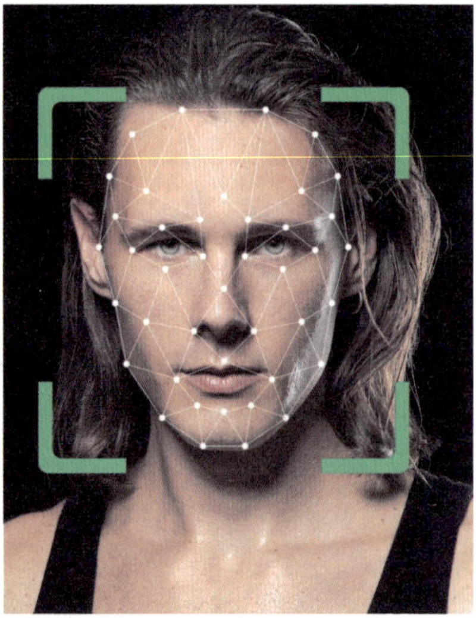

图 1-15　多边形网格人脸识别示意图

总的来说，模式识别技术就像是一双“智慧的眼睛”，让我们能够更加深入地理解和感知这个世界。而机器学习算法则像是这双眼睛的“大脑”，通过对数据的分析和学习，让我们能够更加准确地识别和分类各种对象。在这个充满机遇和挑战的时代里，让我们共同期待模式识别与机器学习为我们创造更加美好的未来吧！

2.在生物信息学上的应用

在科技日新月异的今天，生物信息学作为一门新兴的交叉学科，正悄然改变着我们对生命的认知。随着基因组测序和其他生物测序技术的飞速发展，生物信息学的研究重点已经悄然从数据积累转向了数据解释。这意味着，未来的生物学新发现将不再仅仅依赖于对传统领域的深入研究，而是更多地依赖于我们在多个维度和不同尺度下，对多样化数据进行组合和关联分析的能力。

想象一下，如果我们能够将海量的序列数据、结构和功能数据、基因表达数据、生化反应通路数据，以及表现型和临床数据等集成在一起，那将是一幅多么壮观的生物信息画卷！然而，这幅画卷的绘制并非易事，它对我们的理论、算法和软件都提出了极高的要求。如何高效地存储、获取、处理、浏览及可视化这些生物信息数据，成为摆在我们面前的一大难题。

更为复杂的是，基因组数据本身具有极高的复杂性。这种复杂性不仅体现在数据的海量性上，还体现在数据的噪声性和缺乏统一理论上。因此，我们需要一种能够处理这种复杂数据的强大工具，而机器学习正是这样一把钥匙。

机器学习，这个听起来有些神秘的术语，其实是一种让计算机通过数据学习和预测的方法。它不需要我们显式地编写程序来告诉计算机如何完成任务，而是让计算机通过数据训练，自行找到完成任务的最佳方法。这种能力使得机器学习在处理大数据、含有噪声且缺乏统一理论的领域时，表现出了极高的优越性。

在生物信息学中，机器学习已经展现出了十分广泛而成功的应用。比如，DNA序列比对是生物信息学中的一项基础任务，它能够帮助我们找出不同DNA序列之间的相似性和差异性。而机器学习算法，如隐马尔可夫模型（HMM）等，就能够高效地完成这项任务。

再比如,基因及其功能预测是生物信息学中的另一个重要领域。通过机器学习算法,我们可以对基因序列进行分析,预测基因的功能和调控机制。这不仅能够加速新基因的发现,还能为我们理解生命的本质提供重要线索。

此外,蛋白质结构预测也是机器学习在生物信息学中的一个重要应用。蛋白质是生命活动的主要承担者,其结构决定了其功能。然而,传统的蛋白质结构预测方法往往耗时费力且精度不高。而机器学习算法,如神经网络等,则能够通过学习大量已知的蛋白质结构数据,预测新蛋白质的结构和功能。

在生物信息学的历史长河中,机器学习算法的应用早已有之。早在1982年,Stormo等科学家就将神经网络应用于大肠杆菌核糖体结合位点的预测中,取得了显著的效果。这是神经网络在生物序列分析领域的一次成功尝试,也为后续的研究奠定了基础。

随后,在1988年,Qian等科学家发表了一篇用神经网络模型预测蛋白质二级结构的论文。这篇论文的发表,使得神经网络在生物信息学领域得到了足够的重视和真正的广泛应用。从此,神经网络成为生物信息学中的一种重要工具,为科学家们提供了强大的数据分析和预测能力。

除了神经网络之外,其他机器学习算法也在生物信息学中展现出了巨大的潜力。比如,隐马尔可夫模型(HMM)就是一种常用的基因预测算法。在1993年,Borodovsky等科学家用马尔可夫模型构造了基因发现和基因分析程序GeneMark,这是统计学习理论应用于基因预测领域的一个非常成功的例子。GeneMark的出现,极大地提高了基因预测的精度和效率,为生物学研究注入了新的活力。

进入21世纪以后,机器学习在生物信息学中的应用更是层出不穷。比如,Cheng等科学家用双聚类方法来分析DNA微阵列数据,这种方法能够同时考虑基因和样本之间的双重聚类关系，从而发现隐藏在数据中的生物学规律。而Long等科学家则用方差分析和贝叶斯统计框架方法来分析大肠杆菌中的基因表达数据，这种方法能够准确地识别出不同基因在不同条件下的表达差异，为理解基因调控机制提供了有力支持。（如图1-16所示）

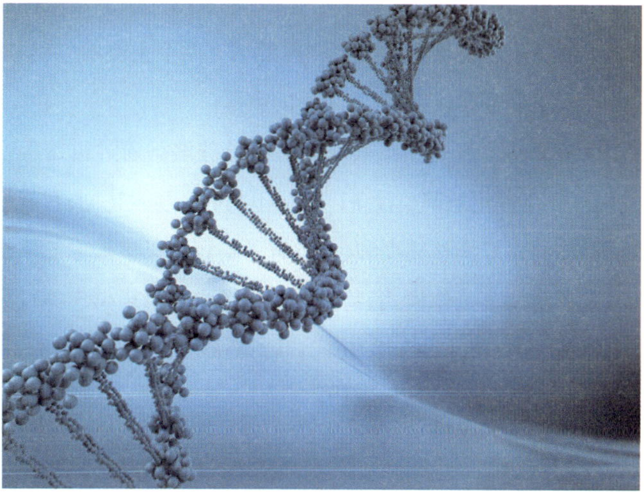

图1-16 DNA研究示意图

这些机器学习算法在生物信息学中的应用案例，只是冰山一角。随着技术的不断进步和应用场景的不断拓展，机器学习在生物信息学中的潜力还将被进一步挖掘和释放。未来，我们有理由相信，机器学习将成为生物信息学研究中的重要力量，为我们揭示生命的奥秘提供强大的技术支持。

总的来说，机器学习与生物信息学的结合是一种双赢的选择。机器学习为生物信息学提供了强大的数据分析和预测能力，而生物信息学则为机器学习提供了丰富的应用场景和数据资源。这种结合不仅加速了生物学研究的进程，还推动了机器学习算法的不断创新和发展。在未来，我们有理由期待这种结合将为我们带来更多的惊喜和发现。

3. 物联网

我们要说的物联网，是指那些家里和办公室里联网的物理设备。如今，物联网设备已经越来越聪明、越来越复杂了。这得益于机器学习的进步。机器学习在物联网领域有两个主要的应用方向：一是使设备变得更好，二是收集用户的数据。

让设备变得更好这一点其实非常容易理解。通过机器学习算法，我们可以个性化地调整设备以适应不同的环境。比如，智能灯泡可以根据你的喜好调整亮度和色温；智能空调可以根据你的体温和室内温度自动调整工作模式；甚至智能门锁也可以根据你的行为习惯自动开关。这些看似简单的功能背后，都离不开机器学习的支持。（如图 1-17 所示）

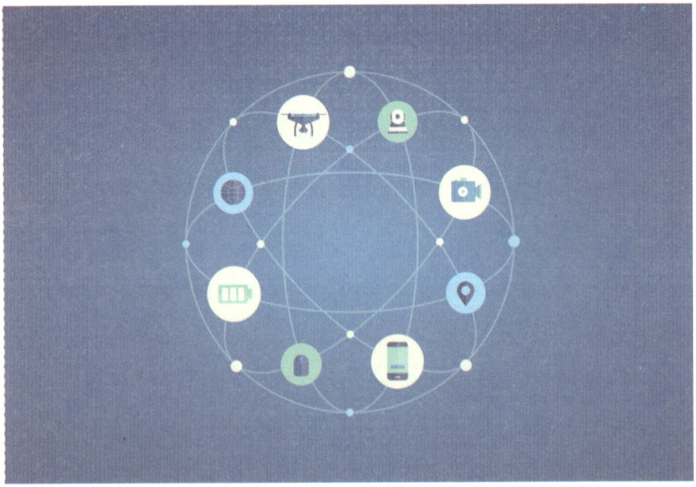

图 1-17　物联网应用示意图

而收集用户的数据则是物联网领域的另一个重要应用方向。通过在你的家中保持网络连接的设备(如亚马逊公司Echo)的通电和监听,像亚马逊这样的公司可以收集关键的人口统计信息,并将其传递给广告商。这些信息包括你正在观看的电视节目、你的睡眠习惯、你家里的人数等等。虽然这些信息可能被用于个性化推荐和广告投放等目的,但也引发了一些关于隐私保护的讨论。不过话又说回来,任何技术的发展都伴随着利弊两面,关键在于我们如何合理地利用它。

4.聊天机器人

在过去的几年里,聊天机器人如雨后春笋般涌现出来。这些机器人通过成熟的语言处理算法不断改进自己的对话能力。现在,它们已经被广泛应用于公司移动应用程序和第三方平台上(如Slack),以提供比传统人类客服更快、更高效的虚拟客户服务。当你遇到问题或需要帮助时,只需要与聊天机器人进行简单的对话,它就能迅速给出解决方案或引导你找到正确的途径。这种便捷的服务方式不仅提高了工作效率,还为用户带来了更好的体验。(如图1-18所示)

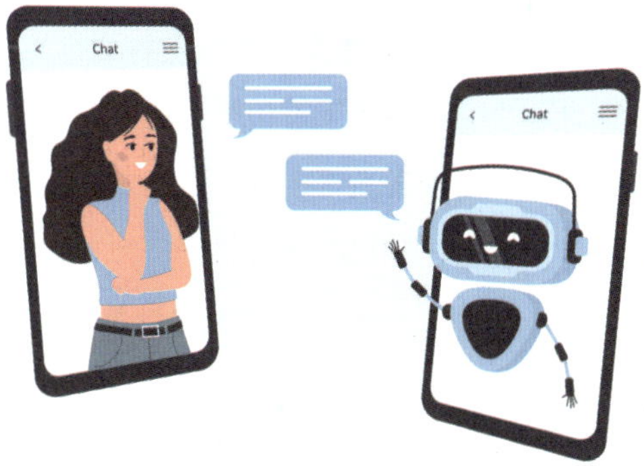

图1-18 聊天机器人

5. 其他领域

在全球科技领域，众多IT巨头早已深入涉足机器学习领域，致力于全面模拟人类大脑，构建具备人类智慧的机器大脑。这一愿景并非遥不可及的幻想，而正在稳步迈向现实。

回溯至2012年，Google推出了一款具有里程碑意义的人工智能产品——人脑模拟软件。该软件拥有强大的自我学习能力，能够模拟脑细胞间的交互机制。值得一提的是，它能够通过分析YouTube视频，实现对猫、人及其他各类事物的识别学习。当数据输入至这个神经网络时，神经元之间的连接权重和关系会动态调整，促使神经网络逐渐掌握针对特定数据的响应模式。据悉，该软件已积累了丰富的学习成果。Google计划将这一前沿技术广泛应用于多个领域，其中语音识别领域有望率先受益。设想一下，在未来，当你对着智能设备讲话，设备能瞬间精准理解你的意图，并给予恰当回应，这将极大提升信息交互的便捷性与效率。

在自动驾驶汽车领域，华为无疑是国内的技术引领者之一。2025年，华为推出的乾昆智驾ADS 3.3高阶智能驾驶系统，已在多个品牌的多款车型中实现搭载应用，展现出卓越的性能表现。机器学习作为其核心技术驱动力，贯穿于系统运行的每一个环节，为智能驾驶的可靠性与安全性提供了有力支撑。这套系统的感知体系深度融合机器学习：192线激光雷达每秒处理256万点云数据，算法通过学习物体点云特征，实现200米外锥桶等障碍物的精准识别；3颗毫米波雷达在恶劣天气下的稳定探测，这也是依赖算法对回波信号的深度学习；11颗800万像素摄像头结合计算机视觉技术，借助深度学习模型构建物体识别体系，让车辆能“看懂”交通信号。

此类辅助驾驶系统具备显著优势。一方面，计算机系统运行稳定，不受疲劳、情绪等人类因素的干扰，能够始终保持高度专注和精准的判断，大幅降低因人为失误导致的交通事故风险。相关测试数据显示，在一些特定场景下，其事故规避率相比传统人工驾驶有显著提升 。这得益于机器学习算法不断优化的决策模型和快速反应能力，使车辆在面对突发情况时能够迅速做出正确反应。另一方面，通过智能规划路线，该系统能有效避开拥堵路段，不仅为用户节省大量行驶时间，还能在行驶过程中优化驾驶策略，降低车辆能耗，实现更加环保的出行。例如，在城市通勤中，智能驾驶系统规划的路线可使行驶时间平均缩短15%~20%，能耗降低约10%。机器学习算法在节能驾驶策略的优化中发挥着重要作用，通过对车辆行驶工况和能耗数据的学习，调整驾驶行为和动力系统控制，实现能耗的降低。

想象一下，在未来，人们坐在搭载先进自动驾驶系统的汽车里，或是悠闲地阅读电子书，或是聆听在线音乐，或是通过车载办公系统处理工作事务，无须为驾驶过程操心，这将极大提升出行的生活品质。（如图1-19所示）

图1-19　自动驾驶示意图

其他中国科技企业在机器学习领域也取得了很多成果。以腾讯为例，其旗下腾讯 AI Lab 曾在 2023 年世界人工智能大会上展示了“腾讯同传”实时翻译系统。这项技术借助计算机强大的运算能力和深度学习算法，让计算机理解人类语言的语义、语法结构等，实现了英语、汉语等多语言的实时拟原声翻译，译文不仅精准流畅，还能还原说话者的语气和节奏。它不仅在语言处理领域实现了重大突破，更为机器学习在跨语言沟通场景中的应用树立了典范，仿佛赋予了计算机与人类一样的智慧。

机器学习在国防科技领域的应用同样广泛且深入。中国自主研发的智能无人机，凭借先进的机器学习算法，能够自主规划飞行路线、识别目标特征，执行侦察、物资运输等任务；智能无人潜航器也能在复杂的海洋环境中，通过机器学习技术实现自主导航、目标探测，为海洋科研和国防安全提供支持。此外，国内科研机构正探索将机器学习技术应用于电子信息对抗领域，通过研发自适应干扰算法，让电子战系统能够快速分析敌方通信信号特征，自动调整干扰策略，提升军事行动中的智能化和自动化水平。

看到这里，你应该已经清楚，机器学习有巨大的潜力来改变和改善世界。通过国内外众多研究团队的不懈努力，我们正朝着真正的人工智能迈进一大步。

第二章 机器学习能干什么

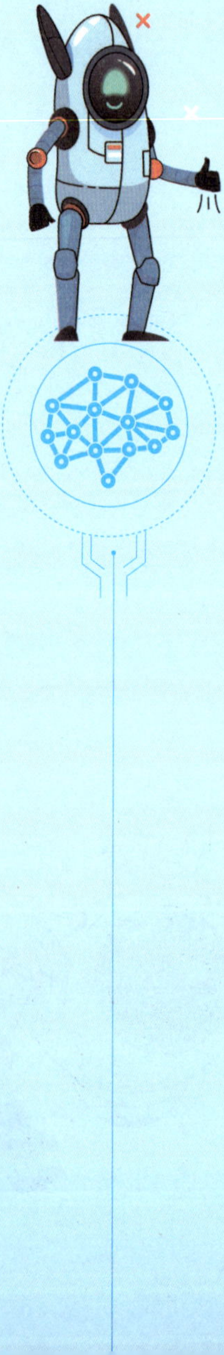

在科技日新月异的今天，机器学习作为人工智能的核心技术之一，正以其独特的魅力和广泛的应用领域，引领着一场前所未有的技术革命。从日常生活中的点滴便利，到行业发展的前沿探索，机器学习正以其强大的数据处理和模式识别能力，不断地拓宽着人类的认知边界和想象空间。

当我们谈论机器学习时，首先要明确的是，它并非某种具体的工具或产品，而是一种基于数据和算法的技术框架。通过学习和分析大量的历史数据，机器学习能够从中挖掘出潜在的模式和规律，进而对未来的数据进行预测和判断。这种能力，使得机器学习在诸多领域都展现出了巨大的潜力和价值。

我们将深入探讨聊天机器人的奥秘。这些看似简单的机器人，背后实则隐藏着复杂的机器学习算法。它们能够与人类进行流畅的对话，不仅解答问题、提供服务，还能在一定程度上理解人类的情感和意图。聊天机器人的出现，不仅极大地丰富了人们的交流方式，还为各种应用场景提供了更加便捷、高效的服务。紧接着，我们将目光转向天气预报。传统的天气预报依赖于气象学家的经验和专业知识，而机器学习技术的引入，则为天气预报带来了更加精准、可靠的预测结果。通过对历史气象数据的分析和学习，机器学习模型能够准确捕捉到天气变化的规律和趋势，为人们的出行和生活提供了重要的参考依据。同时，我们将介绍一个有趣的应用——形色软件识花。借助机器学习技术，我们只需拍摄一张植物的照片，就能迅速识别出它的种类和名称。这种应用不仅满足了人们对自然世界的好奇心，还为植物保护、生态研究等领域提供了有力的支持。此外，我们将探讨购物推荐系统的奥秘。这些系统能够根据用户的购物历史和偏好，智能推荐符合用户需求的商品。这种个性化的推荐方式，不仅提高了购物的效率和便捷性，还为电商行业带来了巨大的商业价值。最后，我们将介绍机器识别手写文字的应用。这项技术能够准确识别手写文字的内容，并将其转换为数字化的文本信息。这对于文档处理、信息录入等领域来说，无疑是一个巨大的福音。机器学习作为一种强大的技术工具，正以其广泛的应用领域和独特的价值，深刻地改变着我们的生活和世界。在接下来的章节中，我们将一起探索机器学习的无限可能，感受它带来的便捷与惊喜。（如图2-1所示）

图2-1　机器学习示意图

2.1 机器学习:数据驱动的智能魔法

在我们探讨“机器学习能干什么”之前,不妨先思考一个日常生活中的问题:“学习好能干什么?”答案不言而喻,良好的学习能力让我们能够掌握各种技能,应对生活中的各种挑战。那么,当这种学习能力被赋予机器时,又会发生什么呢?

机器学习,这个听起来有些高大上的名词,实际上正以一种悄无声息的方式改变着我们的世界。它就像是给机器装上了一双智慧的眼睛,让机器能够从海量的数据中提取出有价值的信息,从而做出准确的预测和决策。简而言之,机器学习就是从数据中提取知识,让机器学会“思考”。

你可能会问,机器学习究竟能做什么呢?答案几乎涵盖了我们生活中的方方面面。从医疗诊断到网络交友,从商业应用到科研项目,机器学习都发挥着举足轻重的作用。比如,在医疗领域,机器学习可以帮助医生更准确地判断肿瘤的良恶性,为患者提供更加个性化的治疗方案。在房地产领域,它可以根据历史房价数据预测未来的房价走势,为购房者提供有价值的参考。在社交网络上,机器学习能够根据你的兴趣和偏好,为你推荐你可能感兴趣的内容和朋友。(如图2-2所示)

图2-2　机器学习应用场景

更重要的是，机器学习在面对大量数据时，往往能够得出比人工更加准确的结果。这是因为机器学习算法能够从数据中学习到潜在的规律和模式，从而做出更加精准的预测。比如，在医学影像领域，机器学习可以基于大量的医学影像数据，准确地判断肿瘤的类型和分期，为医生提供更加可靠的诊断依据。

当然，机器学习也不是万能的。如果没有足够的数据信息，任何机器学习算法都无法做出准确的预测。就像我们只知道一个人的姓氏，而无法判断其性别一样。但是，当我们添加了更多的特征信息，比如名字、年龄、性别等，机器学习算法的预测准确性就会大大提高。

机器学习就像是一个无所不在的魔法师，它隐藏在今日头条的新闻推荐中，藏在网上购物的商品推荐里，也藏在相册中自动整合的照片里。它让我们的生活变得更加便捷和智能。无论是研究恒星、寻找遥远的行星，还是分析DNA序列、预测天气变化，机器学习都在默默地发挥着它的作用。它让我们离智能时代更近了一步，也让我们的生活变得更加丰富多彩。

2.2 聊天机器人

在我们繁忙而多彩的日常生活中，聊天机器人已经悄然成了不可或缺的智能伙伴。清晨，当第一缕阳光透过窗帘，亚马逊公司的语音机器人Alexa便轻轻响起，播放着你最爱的波萨诺瓦音乐，为你的新一天拉开序幕。与此同时，X.ai的电子邮件机器人Amy正忙碌地为你整理今日的会议安排，一封封精心准备的邮件如约而至，让你的工作日程井然有序。而Slack机器人则像一个贴心的小助手，提醒你别忘了购买飞往上海的机票，并帮你确认好行程的每一个细节。更别忘了滴滴的智能客服小滴机器人，它早已为你预约好了前往机场的专车，让你的旅途无忧。

2.2.1 什么是聊天机器人

这些看似普通的日常场景，实则蕴含着科技的无限魅力。聊天机器人，这一看似遥远的概念，如今已悄然融入我们的生活，成为我们生活中的一部分。那么，究竟什么是聊天机器人呢？

追溯历史，聊天机器人的起源可以追溯到20世纪50年代，那是一个计算机科学刚刚起步的时代。在那个充满探索精神的年代，计算机科学家阿兰·图灵首次提出了计算机与人类交流的概念。他设想了一种测试，即图灵测试，旨在检验计算机是否能够表现出与人类相当的智能行为。在这个测试中，用户需要与两个对象进行对话，一个是真实的人，另一个是计算机。如果用户无法准确区分哪个是对话的真实人类，哪个是计算机，那么这台计算机就被认为通过了图灵测试，具备了与人类相当的智能。

阿兰·图灵不仅是计算机科学的先驱，更是人工智能领域的奠基人。他的这一设想，至今仍被视为评估智能机器人水平的重要标准。当我们谈论智能机器人时，图灵测试仍然是一个绕不开的话题。

如今，聊天机器人已经不再是遥不可及的概念，而是成了我们生活中的现实。它们以对话或文字的形式，与我们进行交谈，模拟人类的对话方式，甚至能够通过图灵测试，展现出令人惊叹的智能水平。从1966年人类首次尝试构建聊天机器人以来，这一领域便从未停止过探索的脚步。

苹果公司的语音助手Siri，无疑是聊天机器人领域的佼佼者。它以自然流畅的对话方式，为用户提供各种实用的服务，如查询天气、设定闹钟、发送信息等。Siri的出现，让智能手机变得更加智能，也让我们的生活变得更加便捷。

微软公司同样在聊天机器人领域投入了大量的精力。小冰、小娜、Rinna、Tay、Zo等各具特色的聊天机器人，为用户提供了丰富多彩的对话体验。它们不仅能够与用户进行闲聊，还能提供天气预报、新闻资讯、音乐推荐等实用服务，成了用户生活中的得力助手。

亚马逊公司的Echo，则以其强大的语音交互功能，为用户带来了全新的智能家居体验。通过Echo，用户可以轻松控制家中的各种智能设备，如灯光、空调、电视等。同时，Echo还能为用户提供各种有用的信息，如新闻、天气、音乐等，让智能家居变得更加便捷和有趣。

在中国，百度的小度机器人也备受瞩目。它以自然语言处理技术为基础,能够与用户进行流畅的对话,提供各种实用的服务。无论是查询信息、播放音乐,还是控制智能家居设备,小度机器人都能轻松应对,为用户带来便捷的智能生活。

京东的JIMI客服机器人,则是电商领域的智能客服代表。它能够自动识别用户的问题,并提供准确的解答和解决方案。JIMI的出现,大大提高了电商平台的客服效率,也为用户提供了更加便捷和高效的购物体验。

网易的七鱼客服机器人,同样在客服领域发挥着重要作用。它能够处理大量的用户咨询,提供快速而准确的回复。同时,七鱼还支持多渠道接入,无论是网页、APP还是社交媒体,都能为用户提供一致且优质的客服体验。

这些聊天机器人,不仅改变了我们的生活方式,也让我们对科技充满了无限的期待。它们以智能的方式,与我们进行交流和互动,让我们感受到了科技的温暖和魅力。

然而,聊天机器人的发展并非一帆风顺。在追求智能和便捷的同时,我们也面临着一些挑战和问题。如何确保聊天机器人的安全性和隐私性?如何避免它们被恶意利用或传播虚假信息?这些问题都需要我们进行深入思考和探讨。

尽管如此,我们仍然相信,随着技术的不断进步和应用的不断拓展,聊天机器人将会在未来发挥更加重要的作用。它们将成为我们生活中的得力助手和智能伙伴,与我们共同创造更加美好的未来。

在这个充满机遇和挑战的时代,让我们一起期待聊天机器人的未来发展吧!它们将会以更加智能、便捷和有趣的方式,融入我们的生活,为我们带来更多的惊喜和便利。同时,也让我们共同努力,

推动科技的进步和发展，为构建更加美好的智能社会贡献自己的力量。(如图2-3所示)

图2-3　语音机器人示意图

2.2.2 聊天机器人分类

1. 按功能分类

按功能分类可分为：问答型聊天机器人、任务型聊天机器人、闲聊型聊天机器人。实现不同功能的聊天机器人所用技术也不尽相同，例如在做问答型聊天机器人时，我们需要提取问句中的焦点词汇，以此去三元组或知识图谱中检索，且为了提高检索的精度，常常需要对问句和关系进行分类操作。但是对于闲聊型聊天机器人则可以直接将其当作序列标注问题处理，将高质量的数据丢进深度学习模型中进行训练，最终得到目标模型。

(1)问答型聊天机器人

首先，我们要介绍的是问答型聊天机器人。这类机器人就像是一个知识宝库，无论我们提出什么问题，它们都能迅速给出答案。它们的工作原理其实很简单，就是提取我们问句中的关键词，然后在庞大的知识图谱或三元组数据库中检索相关信息。为了提高检索的精度,这些机器人还会对问句和关系进行分类操作,确保给出的答案是准确无误的。问答型聊天机器人在很多场合都能发挥巨大作用,比如智能搜索、信息查询等,它们就像是一个随身携带的百科全书,随时为我们提供所需的知识和信息。

(2)任务型聊天机器人

其次,我们要聊聊任务型聊天机器人。这类机器人与我们生活中的助手有些相似,它们的主要职责是帮助我们完成某项具体任务。比如,查询天气、查询账单、预订机票等,这些看似繁琐的事情,在任务型聊天机器人的帮助下都能变得轻松简单。它们通过与我们进行对话,了解我们的需求,然后调用相应的业务资源来完成任务。在这个过程中,机器人需要理解我们的自然语言,管理对话流程,并生成自然流畅的回复。任务型聊天机器人在智能客服、销售机器人等领域有着广泛的应用,它们就像是一个贴心的生活助手,让我们的生活变得更加便捷和高效。

(3)闲聊型聊天机器人

最后,我们要介绍的是闲聊型聊天机器人。这类机器人与我们日常交流的伙伴有些相似,它们可以与我们进行开放式的闲聊,话题不受限制,内容丰富多彩。闲聊型聊天机器人的技术实现相对复杂一些,因为它们需要处理更加灵活和多样的对话内容。为了实现这一目标,研究人员通常会采用深度学习技术,将高质量的数据输入到模型中进行训练,最终得到一个能够生成自然流畅回复的机器人。闲聊型聊天机器人在私人助理、娱乐等领域有着广泛的应用,它们可以陪伴我们度过无聊的时光,带给我们欢笑和惊喜。

这三类聊天机器人各有千秋,它们在不同领域发挥着各自的优势。问答型聊天机器人以其准确的知识检索能力，为我们提供了便捷的信息查询服务；任务型聊天机器人以其高效的任务执行能力，让我们的生活变得更加轻松和高效；而闲聊型聊天机器人则以其幽默风趣的对话风格，带给我们无尽的欢乐和陪伴。当然，这些聊天机器人的背后都离不开先进技术的支持。自然语言处理、知识图谱、深度学习等技术的不断进步，为聊天机器人的发展提供了强大的动力。正是这些技术的不断突破和创新，才让我们看到了今天这些聪明伶俐、贴心周到的聊天机器人。

值得一提的是，虽然聊天机器人在很多方面已经展现出了强大的能力，但它们的发展仍然面临着一些挑战。比如，如何确保对话的准确性和流畅性？如何避免对话中出现歧义或误解？这些问题都需要研究人员进行深入探索和解决。不过，我们有理由相信，在不久的将来，随着技术的不断进步和应用的不断拓展，聊天机器人将会变得更加智能和人性化，成为我们生活中不可或缺的一部分。总之，聊天机器人作为人工智能领域的重要应用之一，已经深深地融入了我们的生活。它们以不同的功能分类，为我们提供了便捷的信息查询、任务执行和闲聊陪伴等服务。在未来的日子里，让我们一起期待聊天机器人的更多惊喜和可能吧！

2.按模式分类

我们来一起探索聊天机器人的另一种分类方式——按模式分类，看看基于检索模式和生成式模式这两种不同类型的聊天机器人是如何工作的。

(1)基于检索模式的聊天机器人

基于检索模式的聊天机器人就像是一个精心打造的FAQ(常见

问题解答)宝库。它们的工作原理相对简单明了:首先,构建一个包含大量"问题-答案"对的数据库,这个数据库就像是机器人的知识库,存储着各种可能遇到的问题和对应的解答。然后,当用户向机器人提出问题时,机器人会在数据库中检索与问题最匹配的问答对,并将答案返回给用户。

这种基于检索的模式有着明显的优点。由于使用的是手工打造的存储库,因此这些机器人产生的回答通常不会出现语法错误,它们能够确保回答的准确性。这就像是我们从一本印刷精美的书籍中查找答案一样,每一个字、每一个标点都经过了精心的校对和打磨。

然而,基于检索的模式也有其局限性。它们可能无法处理那些没有预定义响应的场景。换句话说,如果用户的问题不在机器人的知识库中,或者问题的表述方式与知识库中的问题略有不同,机器人就可能无法给出满意的回答。这就像是我们在书籍中找不到想要的答案时,会感到困惑和失望。此外,基于检索的模型还有一个不足之处,那就是它们不能引用上下文实体信息。比如,如果用户在对话中提到了某个特定的名称或事物,而这个名字并不在机器人的知识库中,那么机器人就无法在回答中引用这个名字,这会让对话显得不够自然和流畅。

尽管如此,基于检索模式的聊天机器人仍然在许多场合发挥着重要作用。比如,在客服领域,它们可以处理大量常见的问题,减轻人工客服的负担;在在线教育领域,它们可以为学生提供及时的解答,帮助他们更好地掌握知识。这些机器人就像是我们生活中的小助手,虽然它们的能力有限,但在它们擅长的领域里,它们能够为我们提供精准而有效的帮助。与基于检索模式的聊天机器人不同,生成式模式的聊天机器人则更加自由和富有创造力。它们不依赖于预定义的响应,而是能够从零开始生成新的回答。这就像是我们在与一个真正的朋友聊天时,对方能够根据我们的话题和表述方式,灵活地给出回应,让对话更加自然和有趣。

(2)基于生成式模式的聊天机器人

生成式模型通常基于机器翻译技术,但这里的"翻译"并不是从一种语言到另一种语言的转换,而是从输入到输出(即响应)的"翻译"。这种技术让机器人能够根据用户的输入,生成与之相匹配的回答。这些回答可能包含用户提到的实体信息,也可能包含机器人自己的理解和推断。

生成式模式的聊天机器人有着明显的优点。它们能够引用输入中的实体信息,让对话更加自然和流畅。比如,如果用户在对话中提到了某个特定的名字或事物,机器人就能够在回答中引用这个名字,让对话显得更加真实和亲切。此外,生成式模型还能够根据上下文信息生成更加贴合语境的回答,让对话更加连贯和有趣。

然而,生成式模式的聊天机器人也并非完美无缺。它们的训练过程相对复杂和困难。由于需要生成全新的回答,机器人需要学习大量的语言知识和规则,以确保生成的回答既准确又自然。这需要大量的训练数据和计算资源,而且训练过程可能需要花费很长的时间。此外,生成式模型还可能出现语法错误。特别是在生成较长的句子时,机器人可能会因为语言知识的不足或计算能力的限制,而出现语法错误或表达不清的情况。这就像是我们在写作时,有时会因为思路不清或词汇不足而出现语病一样。

尽管如此,生成式模式的聊天机器人仍然具有巨大的潜力和价值。它们能够为我们提供更加自然和有趣的对话体验,让我们在与机器人的交流中感受到更多的乐趣和惊喜。同时,随着技术的不断进步和应用的不断拓展,我们有理由相信,生成式模式的聊天机器人将会变得更加智能和人性化,成为我们生活中不可或缺的伙伴。

(3)两种模式的互补与融合

基于检索模式和生成式模式这两种不同类型的聊天机器人各有千秋。它们在不同的应用场景下发挥着各自的优势和作用。基于检索模式的聊天机器人以其精准而有限的智慧为我们提供了便捷的信息查询和问题解决服务;而生成式模式的聊天机器人则以其自由而富有创造力的对话为我们带来了更加自然和有趣的交流体验。

在未来的发展中,我们有理由相信,这两种模式将会相互融合、相互补充。基于检索的模式可以借鉴生成式模型的优点,通过引入自然语言理解和生成技术来提高其处理复杂问题和引用上下文信息的能力;而生成式模型则可以借鉴基于检索模式的优点,通过引入预定义的知识库和启发式推理来提高其回答的准确性和效率。这种融合和互补将会让聊天机器人的能力得到进一步的提升和拓展,为我们带来更加智能、便捷和有趣的对话体验。

总之,聊天机器人以不同的模式和技术实现方式为我们提供了丰富的对话体验和服务,为我们的生活增添更多惊喜和可能!

3.按领域分类

按领域分类可分为:开放领域和封闭领域,开放领域的聊天机器人更难实现,因为用户不一定有明确的目标或意图。像Twitter和腾讯这样的社交媒体网站上的对话通常是开放领域的——他们可以谈论任何方向的任何话题。无数的话题和生成合理的反应所需要的知识规模,使得开放领域的聊天机器人实现相当困难。同时这也需要开放领域的知识库作为知识储备,加大了信息检索的难度。

封闭领域的聊天机器人比较容易实现,可能的输入和输出的空间是有限的,因为系统试图实现一个非常特定的目标。技术支持或购物助理是封闭领域问题的例子。这些系统不需要谈论政治,只需要尽可能有效地完成具体任务。

4.聊天机器人实例

让我们来看看一早醒来就与我们说早安的Alexa,Alexa诞生在亚马逊公司。她有一个有趣的名字:Alexa。人们亲切称呼它"Alexa"或"她",而不是"Echo"或"它"。

然而,聊天机器人常常会犯错,Alexa也不例外,她经常会误解一些基本命令,在她的反应中,任何"有点人性化"的回答都是照本宣科。因此,我们先不要去幻想斯派克·琼斯导演的作品中带着语音助手去山顶小屋探险的画面成真了;另外,Echo听到唤醒词"Alexa"之后启动,往往会引发人们对安全隐私的关注。不过,这还是无法阻挡数以万计的人逐渐喜欢上Alexa。(如图2-4,图2-5所示)

我[站在厨房附近]:ALexa,播放Ben的音乐。

客厅里的Echo:这里有一首舞曲。[播放Daft Punk的《One More Time》]

我:ALexa,换一首曲子。

Echo[厨房]:这里有一首舞曲。[播放Daft Punk的《One More Time》]

我:ALexa,停下来。[非常慢]ALexa,播放Ben的播放列表。

Echo[厨房]:播放Ben的播放列表。

图2-4　与智能音箱对话示例

Cyril:你喜欢星球大战吗?

Holden:我喜欢。

Cyril:你最喜欢的演员是谁?

Holden:我最喜欢的演员是Benedict Cumberbatch,我喜欢《奇异博士》里的他。

Cyril:你能推荐一下,在西雅图周四下午可以干些什么吗?

Holden:我一般会在网络上搜索相关信息。

图2-5　聊天陪伴示例

大家可以看到,要让聊天机器人和我们对话其实是很有难度的,AI领域可能存在的最大挑战之一,就是制造一个能够与人交谈的社交机器人,并且要让它比人更像一个人。

2.3 天气预报

在历史的长河中，人类对天气的预测和探索从未停歇。从古代诸葛亮的巧借东风，到现代气象卫星的全球监测，我们对天气的认知和利用能力不断跃升。今天，我们就来聊聊天气预报这一看似平常却又充满奥秘的话题，看看它是如何从古人的智慧结晶，发展成为今天依托人工智能和大数据的精密科学。

2.3.1 天气预报的故事

提起天气预报，不得不提古代的一场著名战役——赤壁之战。在这场战役中，诸葛亮巧借东风，利用有利的风向和天气条件，成功火烧曹军战船，为刘备赢得了宝贵的生存空间。然而，诸葛亮的天气预报并非百发百中。在后来的上方谷之战中，他试图再次用火攻对付司马懿，却未能准确预测出天气变化，导致火攻失败，司马懿侥幸逃脱，最终成就了三国时期的魏国。

这场战役不仅展现了诸葛亮的智谋和胆略，也揭示了古代天气预报的局限性和不确定性。在古代，由于缺乏先进的观测设备和科学理论支持，天气预报往往依赖于人们的经验和直觉，难以做到精确和及时。因此，能够预测未来的人被视为“先知”，受到人们的敬畏和崇拜。

2.3.2 人工智能与气象科学的结合

随着科技的进步,人类对天气的预测能力发生了翻天覆地的变化。特别是人工智能和气象科学的结合,让天气预报变得更加精确和可靠。如今,气象学家们通过先进的观测设备和数学模型,能够发现从前不知道的气候特征和大气运动规律,从而对天气变化做出更加准确的预测。

在这个过程中,人工智能发挥了举足轻重的作用。它能够处理和分析海量的气象数据,从中提取出有用的信息,帮助气象学家更好地理解和预测天气变化。与古代依靠经验和直觉的天气预报相比,现代天气预报已经发展成为一门高度依赖数据和科学的精密学科。

2.3.3 气候数据与机器学习的挑战

然而,气候研究并非一帆风顺。研究员们面临着数以万计的数据需要处理和分析。这些数据来自全球各地的观测站、探空气球、气象飞机、多普勒雷达和气象卫星等观测设备,构成了复杂的气象观测网络。这些设备每天产生海量的数据,包括气温、气压、风向风速、湿度、天气现象、云况、能见度、日照、蒸发等多种气象要素。

对于气候研究来说,最大的问题就是如何处理这些庞杂的数据。为了解决这个问题,研究学者们建立了“气候信息学”这一新兴学科,并运用机器学习技术来不断进行有效的数据处理和分析。机器学习通过学习和优化算法,能够从海量数据中提取出有用的信息,帮助气象学家更好地预测天气变化。

然而,在实际操作中,机器学习也面临着诸多挑战。首先,天气系统是一个全球性的复杂体系,涉及众多变量和相互作用。因此,数据的搜集和处理需要高度的精确性和完整性。同时,数据传输和交互也需要高效可靠的网络和协议支持。此外，超大变量的综合考虑也是机器学习在气候研究中的一大难题。如何平衡不同变量之间的权重和影响，是提高天气预报准确性的关键所在。

那么，天气预报的数据究竟是怎么来的呢？下面我们就来揭秘天气预报的制作过程。

第一步是搜集过去一段时间从地面到高空的气象数据。这些数据来自全球各地的观测站和观测设备，包括气温、气压、风向风速、湿度等多种气象要素。这些数据被记录下来并传输到各地气象局进行汇总和分析。在中国，有许多人工地面气象站和更多覆盖了无人及恶劣地区的自动地面观测站，每天定时观测并记录地面气象数据。同时，探空气球和气象飞机会深入云层记录不同纵向尺度的高空气象数据。多普勒雷达则每隔六分钟发出电磁波对近地的水气浓度、底层云的水滴和冰晶进行扫描，计算水滴的大小和位置。气象卫星则时刻监测大气层顶端的气象状态，通过云层放出的红外光来测量云顶高度、云层厚度等信息。（如图2-6所示）

图2-6　天气情况示意图

第二步是将不同高度的观测数据分别制成天气图。这些天气图记录了观测时刻各种气象要素和天气现象的空间分布和变化情况。通过逐层气象要素的对比和分析，可以得到天气系统的动力和热力性质以及演变趋势。比如冷锋过境后冷气团占据原来暖气团所在的位置就会产生降温等天气变化。将这些要素结合台风、高空低涡、副热带高压等天气系统的位置和影响范围以及季风、环流、地球自转力等气象条件进行分析就能得出整个天气形势的预报结果。(如图2-7所示)

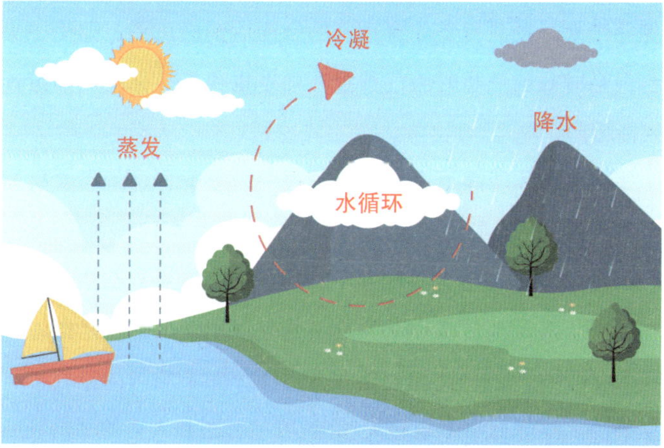

图2-7　天气形成示意图

第三步是依靠超级计算机进行数值预报。数值预报系统可以将空间切割成平面分辨率高达10千米×10千米、纵深60层的网格。每一格都是一个即时更新的独立数据块，由计算机通过大气动力学方程进行计算得出未来的气象状态。更强的计算能力意味着可以处理更多更小的网格从而提升预报精度。在中国，国家气象信息中心的GRAPES-Meso中尺度数值预报系统已经将分辨率提升到了3千米×3千米。在MICAPS系统的辅助下，每个预报员都会制作一份依据天气图、数值预报结论的当地天气预报。这种基于个人经验和数值计算的预测结果还需经过各级气象部门的会商和讨论，最终由中央气象台制作出全国24小时短期天气预报并在新闻联播结束后播放。

2.3.4 机器学习在天气预报中的精准应用

虽然数值预报已经取得了显著的进展，但在某些情况下仍然难以满足人们对天气预报的精确需求。比如云团随时可能在你头顶聚集并带来一场只覆盖你家小区的暴雨后悄然离去。即使中央气象台最高时效的三小时天气预报在雨季也很难让你准确知道什么时候能出门。

那么怎样才能满足这种精确预报的需求呢？这就需要机器学习来完成如此精准的预测了。

首先，我们每隔6分钟更新一次的气象雷达可以扫描云层并投影在地图上直观地反映你头顶是不是在下雨。但是雷达图像中还存在大量干扰性信息比如尘埃和折射率分布不均匀的空气都可能被误判为降雨。如果不结合天气图、卫星云图和人力的辅助判断就很难排除这些干扰信息。怎么办呢？

一个有效的解决方法是通过人力将大量历史图像中的杂波标记出来构造一个分类训练数据集，然后训练人工智能分辨并消除这些杂波。这样我们就能获得相对准确的雷达图历史数据了。接下来还要使用机器学习技术来进一步提高预报精度。

以彩云天气为例，他们用过去五年的降雨数据构建了含有成千上万张雷达图的训练用数据集。这次训练的目的是让人工智能逐分钟预估下一帧的雷达图像。通过不断学习和优化算法，人工智能能够逐渐提高天气预报的准确率。相比传统方法，彩云天气的人工智能降雨天气预报准确率提升了80%。打开软件你就能看到精确到分钟的下次降雨预报了。

当然,机器学习在天气预报中的应用还远不止于此。随着技术的不断进步和应用场景的不断拓展,机器学习将在天气预报中发挥越来越重要的作用。比如通过结合卫星云图和数值预报结果机器学习可以进一步提高台风路径和强度的预测精度;通过分析历史气象数据和气候变化趋势,机器学习可以帮助我们更好地理解和应对极端天气事件。

回顾历史,我们从诸葛亮的巧借东风到现代人工智能的精准预测,天气预报已经取得了长足的进步。然而,面对未来气候变化和极端天气事件的挑战,我们仍然需要不断努力提高天气预报的准确性和及时性。

在这个过程中,人工智能将继续发挥举足轻重的作用。它能够处理和分析海量的气象数据,帮助我们更好地理解和预测天气变化。我们有理由相信,在不久的将来天气预报将变得更加精确和可靠,为我们的生产和生活提供更加有力的支持。

总之,天气预报作为一门高度依赖数据和科学的精密学科已经深入到我们生活的方方面面。从赤壁之战的古代智慧到人工智能的现代科技天气预报的发展历程充满了奥秘和挑战。让我们共同期待天气预报在未来的发展中能够取得更加辉煌的成就吧!

2.4 形色识花

无论你是否想成为植物学家,你一定有过这样的经历,偶然间看见一株小植物,很想要知道它叫什么然而身边却没有一个人知道。“这是什么花?”你们面面相觑,有人说:“我查一下?”

机器为什么能够识别出图片中花的种类?

要知道机器如何识别,可以先想想人类如何去认识花朵。

我们根据花瓣花蕊的外形、颜色,以及其他的一些特征,通过这些特征去脑海搜寻对应花的名词。但往往我们的记忆并不深刻,或者说会因为视觉上的偏差导致混淆。

同样的,机器识别花朵也需要提取特征,然后将这些特征去和已经被打上标签的花朵特征进行匹配,如果达到一定的相似度,就可将两种花归为一类。这个提取特征的过程,也是机器学习的过程,如果数据量足够大,匹配的结果会更加准确。那么机器是如何提取图片上花的特征的?

首先要知道,图片本质就是像素值的矩阵。如果是普通的灰度图,可以使用简单的二维矩阵表示,矩阵中的值为表示灰色的程度。例如下面的这张8字矩阵图。(如图2-8所示)

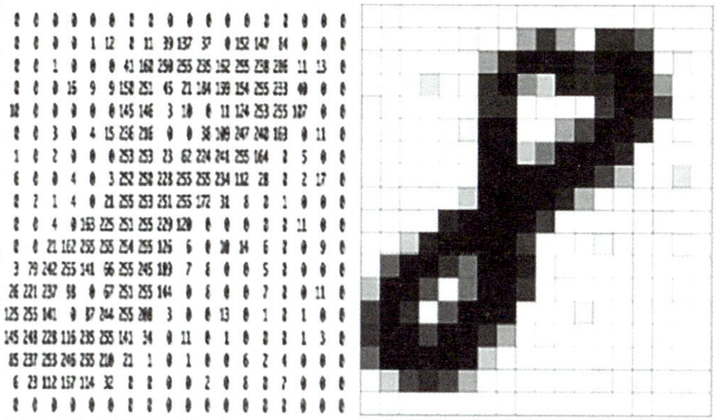

图2-8　8字矩阵图

如果是彩色的图片，那么需要使用更高维的矩阵去表示。因此，可以通过提取矩阵的特征来表示图片的特征。卷积是常用的矩阵特征提取方式，我们就是使用卷积为例为大家讲解：黄色的矩阵叫作“滤波器”或者“核”，通过在图像上滑动滤波器并计算点乘得到矩阵叫作“特征图”。例如这张8字矩阵图，通过两次卷积操作，最后识别出符合 8 的特征。(如图2-9所示)

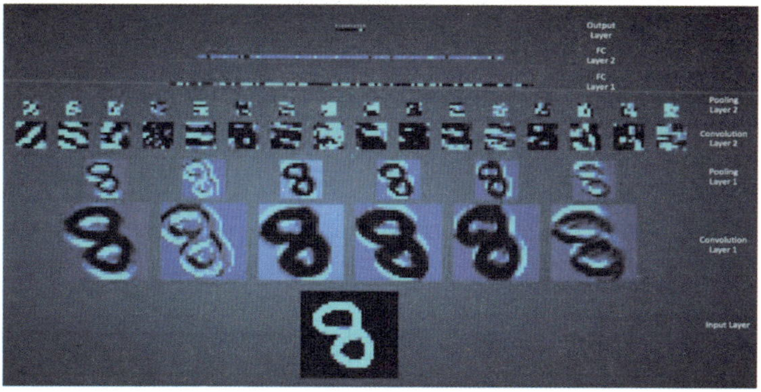

图2-9　8字矩阵图识别示意图

所以，机器经过这样的一系列操作，提取特征然后对花进行识别分类。当然，这中间机器的学习是一个非常复杂的过程，有许多地方可以优化，同时更多的数据量也可以提高识别度精度，正如中国的成语——见多识广。

形色软件是一款拍照识花软件，依托于人工智能下的深度学习技术，可快速地对植物花草的特征进行分析，春季出游赏花草，你一定需要这款“形色”识花软件，让你秒变植物学家！（如图2-10所示）

图2-10　智能识花示意图

形色软件配色清新、交互简单流畅，且用户反映识别准确率高。而除拍照识别花草植物的功能，形色软件还提供了类似于花间、地图、展览及鉴定等功能，使得具有相同爱好的用户围绕着花草可以发生互动，使得平台在花草之余更增添了许多交流的空间。

基于此，形色软件在同类产品，比如微软识花、花帮主中脱颖而出。同时，根据前期的调研结果显示，形色软件充分利用了人工智能技术的优势，随着用户数据越来越多，其准确率也越来越好。从“拍照识别花草功能”出发，形色软件满足了许多用户的许多需求。

比如对一些植物爱好者，形色软件可以满足他们在遇到新植物类别时快速识别的需求，甚至是一些罕见的花草也可以更为准确地识别，形色软件还提供了互动和分享的渠道，使得用户可以在满足自身乐趣的同时还有益于兴趣的交流，达到用户聚合的效果。

而对于一些园艺从业者，形色软件在他们的工作中充当了效率提升器（如图2-11所示）。由于这类人群经常要在设计、搭配中对植物的类别进行识别与鉴定，形色软件使得这类人群可以快速地确定相关植物的类别及形态知识。

图2-11　智能识花软件操作示意图

2.5 购物推荐

在这个数字化时代,各大购物网站仿佛成了我们生活中的贴心小助手。当你在网站上搜索某样商品时,接下来的页面仿佛能读懂你的心思,展示的商品越来越符合你的口味。这可不是巧合,背后其实是各大电商网站在不遗余力地开发新技术,只为给你带来更加出色的购物体验。当然,他们的最终目的还是希望你能成为那个“剁手党”,不过,这又何尝不是一种双赢呢?

说到购物体验,搜索功能绝对是电子商务业务成功的关键一环。想要做好购物推荐,可不是件容易的事,它需要大量的数据支持,还得依靠先进的机器学习技术。简单来说,机器学习就像是给你的购物体验施了魔法,让整个过程变得更加顺畅和愉悦。

就拿给妈妈买礼物这件事来说吧,你是不是也曾经为选什么礼物而头疼不已呢?别担心,现在有了购物网站的人工智能服务,简称GWYN,它就像是你的线上礼宾员,专门为你解决这种烦恼。GWYN会耐心地询问你关于礼物接收人的一系列问题,比如她的兴趣爱好、年龄、喜好等等。然后,它会根据相似背景客户的购买记录,为你提供一份个性化的礼物推荐清单。每当你增加一个订单,GWYN就会更加了解你的需求,从而改进给新顾客的推荐。这样一来,选礼物就不再是难题了,GWYN总能帮你找到那个最合适的礼物。

GWYN只是运用机器学习提供个性化购物体验的无数个例子之一。每当你访问购物网站时，都会产生一个新的数据点。随着时间的推移，这些数据点会越来越多，最后汇聚成数百万个数据点，都储存在网站的人工智能学习系统中。这些数据不仅有助于网站更好地了解你这位客户，还能帮它在正确的时间为你送上最贴心的产品。（如图2-12所示）

图2-12　购物推荐

其实，机器学习的概念并不复杂。简单来说，就是通过使用统计技术，让程序能够"学习"数据，而无须进行显式的编程。这里的"学习"可不是指程序突然变得聪明起来，而是指当程序接收到更多的数据输入时，它能够提供更准确的输出。比如，在GWYN的例子中，当你提供了更多关于妈妈的信息时，GWYN就能为你提供更精准的礼物推荐。

鉴于机器学习能够彻底颠覆当前的购物体验，你可能会认为这种技术只适用于那些预算充足的大公司。然而，事实并非如此。无论一个零售商的规模大小或预算多少，都应该尽早开始将机器学习应用于业务中。如果你的业务已经相当成熟,数据库里积累了大量的数据,那么你就可以开始用这些专有或第一方数据去训练机器学习模型了。这些数据可以来自金融交易记录、售后记录等,它们都能帮助优化你的模型,让你获得如何更好地为客户创造价值的独特洞察。

当然,如果你的公司还没有那么多的数据积累,也不用担心。你可以使用预先培训的机器学习模型。在一些云平台中,你可以轻松地获得这些模型。比如Google的Cloud AutoML,它是一个机器学习产品的集合,使得那些机器学习经验有限的开发人员也能更轻松地入门。Cloud AutoML中的图像分析模型就是一个很好的例子。它可以帮助你理解图像中的内容。你只需要提供一张图像,它就能输出图像中的文本类别,比如“汽车”“艾菲尔铁塔”等。这个模型还能识别图像中的物体、面部或印刷文字,功能十分强大。

有一个客户就基于Cloud AutoML的图像分析模型定制了一个自动发票阅读器。这个阅读器可以优化发票处理这项原本十分恼人的工作。由于某些发票上包含logo,却不包含公司名称,所以他们使用Cloud Vision API的logo检测工具来训练发票阅读器模型。这样一来,模型就能识别出公司名称,并提高处理发票的准确性了。最后,财务人员只需要花很少的时间就能完成这项原本重复烦琐的任务,从而将更多的精力集中在更有价值的工作上。

除了图像分析模型外,你还可以利用文本分析模型来更好地理解文本的结构和语义。它可以从新闻、博客、聊天记录等任何文本中提取出有关人员、地点和事件的信息。比如,你可以用它来分析客户的反馈意见,了解他们对产品的真实看法。此外,文本分析模型还能使用语音识别技术将音频转换为文本。这样一来,你就可以更方便地处理那些来自电话、语音助手等渠道的客户反馈了。

除了文本分析模型外,还有强大的视频分析模型。它能够识别视频中的对象,并告诉你单个镜头或帧内发生的事情。比如,在零售业中,你可以使用视频分析模型来监控店铺的客流量和顾客行为。通过分析顾客在店铺内的移动轨迹和停留时间,你可以更好地了解他们的购物习惯和需求,从而优化店铺布局和商品陈列。

当然啦,以上这些只是机器学习在购物推荐领域应用的冰山一角。运用机器学习技术,零售商还可以优化供应链计划,以改善预测和订单管理。比如,通过分析历史销售数据和季节性趋势,你可以更准确地预测未来的销售情况,并提前调整库存和采购计划。这样一来,你就能确保在销售旺季有足够的库存供应给顾客了。

此外,机器学习还能帮助零售商基于季节、可用供应品或其他相关因素优化定价策略。比如,在销售淡季时,你可以通过降价促销来吸引更多的顾客;而在销售旺季时,则可以适当提高价格以获取更高的利润。这种灵活的定价策略能够让你更好地应对市场变化,提高盈利能力。

说到这里,你可能会好奇:机器学习是如何实现这些神奇的功能的呢?其实啊,这一切都归功于机器学习算法。这些算法能够从大量的数据中提取出有用的信息,并自动地调整和改进自己的性能。随着数据的不断增加和算法的不断优化,机器学习的性能也会越来越好。

在购物推荐领域,常用的机器学习算法包括协同过滤算法、基于内容的推荐算法以及深度学习算法等。协同过滤算法通过分析用户的历史购买记录和其他用户的行为相似性来为用户推荐商品;基于内容的推荐算法则通过分析商品的特征和用户的偏好来为用户推荐相似的商品;而深度学习算法则通过构建深度神经网络来模拟人类的思维过程,从而实现更加智能化的推荐。

这些算法各有优劣,适用于不同的场景和需求。比如,协同过滤算法在推荐与用户历史购买记录相似的商品时效果较好;而基于内容的推荐算法则更适用于推荐与用户当前兴趣相关的商品。深度学习算法则具有更强的自适应能力和泛化能力,能够处理更加复杂和多样的数据。

当然啦,机器学习并不是万能的。它也有自己的局限性和挑战。比如,在数据稀疏或冷启动问题中,机器学习算法可能无法获得足够的数据来训练模型;在过拟合问题中,机器学习算法可能会过于关注训练数据中的噪声和细节,而忽略了数据的本质特征;在隐私保护问题中,机器学习算法可能会泄露用户的个人信息和隐私数据。

为了克服这些挑战和局限,我们需要不断地改进和优化机器学习算法和技术。比如,在数据稀疏或冷启动问题中,我们可以通过引入外部数据源、使用社交网络信息等方法来补充数据;在过拟合问题中,我们可以通过正则化、剪枝、集成学习等方法来降低模型的复杂度;在隐私保护问题中,我们可以通过差分隐私、联邦学习等方法来保护用户的个人信息和隐私数据。

随着技术的不断进步和应用场景的不断拓展,机器学习在购物推荐领域的应用也会越来越广泛和深入。未来,我们可以期待更加智能化、个性化和精准的购物推荐服务。比如,基于用户的实时位置和活动轨迹来推荐附近的商店和商品;基于用户的情感分析和心理需求来推荐符合其情感需求的商品;基于增强现实和虚拟现实技术来提供更加沉浸式的购物体验;等等。

这些未来的购物推荐服务不仅会让我们的购物过程变得更加便捷和愉悦，还会让零售商能够更好地了解顾客的需求和偏好，从而提供更加优质的服务和产品。这样一来，整个零售业都将迎来一场深刻的变革和升级。

当然啦，在这场变革中，我们也需要保持警惕和理性。虽然机器学习技术能够为我们带来很多便利和优势，但它也存在一些潜在的风险和问题。比如，如果机器学习算法存在偏见或歧视性，那么它可能会加剧社会不平等和歧视现象；如果机器学习算法被恶意利用或攻击，那么它可能会对我们的隐私和安全造成威胁。

因此，在享受机器学习技术带来的便利的同时，我们也需要加强对机器学习技术的监管和管理。比如，制定相关的法律法规来规范机器学习技术的使用；加强对机器学习算法的审查和评估来确保其公平性和准确性；提高用户对机器学习技术的认知和了解来增强其自我保护能力；等等。

总之，机器学习技术正在深刻地改变着我们的购物方式和体验。它让我们能够享受到更加智能化、个性化和精准的购物推荐服务，同时也为零售商提供了更加高效和精准的营销手段。然而，在享受这些便利和优势的同时，我们也需要保持警惕和理性，加强对机器学习技术的监管和管理，以确保其健康、可持续地发展。

在未来，随着技术的不断进步和应用场景的不断拓展，我们可以期待机器学习技术在购物推荐领域发挥更加重要的作用。它将不仅仅是一个简单的推荐工具，而是会成为一个能够深刻理解和满足我们需求、提升我们购物体验的得力助手。同时，我们也相信在人类的智慧和努力下，机器学习技术将会更加安全、可靠和有益地服务于人类社会。

回到我们的日常生活中来，现在你已经对机器学习在购物推荐中的应用有了一定的了解。下次当你在购物网站上浏览商品时，不妨多留意一下那些个性化的推荐清单吧。它们可能就是机器学习技术为你量身定制的购物指南哦！当然啦，如果你对某个推荐不太满意或者想寻找更多的选择，也可以主动地去搜索和浏览其他商品。毕竟，购物还是一件非常个人化的事情，只有你自己最清楚自己想要什么。

最后，让我们一起期待机器学习技术在未来能够为我们带来更多惊喜和便利吧！无论是更加智能化的购物推荐服务还是其他领域的应用创新，都让我们对未来充满了期待和憧憬。相信在不久的将来，机器学习技术将会成为我们生活中不可或缺的一部分，为我们的生活带来更多的便捷和乐趣。

2.6 机器识别手写文字

在浩瀚的人类智慧中,视觉系统无疑是大自然赋予我们的奇迹之一。当我们凝视着一张手写的数字序列时,大多数人几乎能够瞬间辨认出这些扭动的墨迹代表着“504192”(如图2-13所示)。然而,这种看似毫不费力的识别能力背后,隐藏着一个复杂而精细的生理过程。

图2-13　数字手写体

在我们大脑的深处,每一个半球都藏着一个被称为初级视觉皮层(V1)的神秘区域。这里,大约1.4亿个神经元紧密相连,它们之间错综复杂的关系仿佛一张庞大的神经网络。而这张网络中的连接数量更是惊人,达到了数百亿之巨。然而,人类的视觉奇迹并不仅仅局限于V1。在V1的基础上,还有一系列更高层次的视觉皮层,如V2、V3、V4和V5,它们像是一座座精密的图像加工厂,对输入的视觉信息进行越来越深入的加工和处理。

可以说,我们每个人的脑子里都装着一台超级计算机。这台计算机经过了漫长的进化,不断优化和调整,最终成了一个极其适合理解视觉世界的神奇工具。正是因为有了这样的生理基础,我们才能够如此轻松地识别出手写的数字。然而,当我们仔细思考这个问题时，就会发现其实手写数字的识别并不像我们想象的那么简单。

事实上，我们人类拥有着惊人的视觉理解能力。无论是复杂的图案、多变的色彩，还是微妙的表情和动作，我们都能在短时间内准确地捕捉并理解。这种能力让我们在日常生活中游刃有余，无论是阅读、驾驶还是欣赏艺术，都离不开我们的视觉系统。然而，正是这种日常中的轻松和自如，让我们往往忽视了视觉系统所承担的艰巨任务。当我们试图让机器来完成同样的任务时，视觉模式识别的困难就暴露无遗了。

对于机器来说，识别手写数字是一项极具挑战性的任务。因为手写数字的形态各异，即使是同一个数字，不同的人写出来也会有很大的差异。比如数字9，有的人会写得比较圆润，有的人则会写得比较尖锐；有的人会在顶部留一个明显的圆环，而有的人则可能将圆环与垂直笔画融为一体。这些细微的差异对于人类来说可能并不构成问题，因为我们的大脑已经习惯了这种多样性，并且能够从中提取出共同的特征来识别数字。但是对于机器来说，这些差异却足以让它们陷入困境。

当我们试图为机器制定一套识别手写数字的规则时，很快就会发现这是一项极其艰巨的任务。因为手写数字的形态变化无穷无尽，我们很难为每一种形态都制定一个准确的规则。即使我们能够制定出一些规则，也会因为这些规则过于复杂和烦琐而难以实施。更何况，手写数字的书写风格还会受到很多因素的影响，比如书写者的年龄、性别、文化背景等。这些因素都会让手写数字的形态变得更加多样化和复杂化。

那么，机器究竟有没有可能学会识别手写数字呢？答案是肯定的。但是，这并不是通过我们人为地制定规则来实现的，而是通过让机器从大量的训练数据中学习得来的。换句话说，我们需要为机器提供大量的手写数字作为训练样本，然后让机器从这些样本中学习出识别手写数字的规则。

这个过程听起来可能有些抽象，但是实际上并不难理解。我们可以把机器看作是一个初学者，而训练数据就像是它的老师。通过不断地观察和模仿老师的示范（即训练样本），初学者逐渐掌握了识别手写数字的技巧。当然，这个过程并不是一蹴而就的，而是需要经过大量的实践和尝试。但是只要我们给予机器足够多的训练数据和足够长的学习时间，它就能够逐渐提高自己的识别能力。

在图2-14中，我们可以看到一些手写数字的示例。这些数字形态各异，有的清晰易辨，有的则模糊不清。但是如果我们仔细观察这些数字，就会发现它们之间还是存在一些共同的特征的。比如数字0通常是一个封闭的圆形或椭圆形；数字1则通常是一个细长的竖线；数字2则通常有一个向上的弯曲，等等。这些特征就是我们所说的“模式”，而机器学习的目标就是从大量的训练数据中学习出这些模式。

图2-14　数字手写体

一旦机器学会了这些模式，它就可以利用这些模式来对手写数字进行识别了。当我们向机器展示一个新的手写数字时，它会根据已经学到的模式对这个数字进行分析和比对。然后，它会从所有的数字中挑选出一个最符合当前输入模式的数字作为识别结果。这个过程就像是我们在日常生活中识别朋友或家人的面孔一样自然和轻松。

当然，机器识别的准确性并不是百分之百的。因为手写数字的形态变化实在太大了，即使是同一个数字也可能存在很大的差异。但是通过增加训练实例的数量，我们可以进一步提升机器的识别能力。这就像是我们学习一门新的语言一样，听得越多、说得越多，我们的语言能力就会越强。同样地，对于机器来说，看得越多、学得越多，它的识别能力也会越强。因此，虽然我们在上面只展示了100个训练数字作为示例，但实际上我们可以使用数千、数万甚至数亿个训练样本来构建一个更加强大的手写数字识别系统。

说到这里，你可能已经对机器学习有了一个初步的认识。简单来说，机器学习就是一种让计算机从数据中学习规律和方法的技术。它不需要我们人为地编写复杂的规则或算法，而是让计算机自己从数据中找出解决问题的最佳方案。这种技术不仅适用于手写数字的识别，还广泛应用于图像识别、语音识别、自然语言处理等领域。

以图像识别为例，机器学习可以帮助我们实现自动人脸识别、物体检测等功能。通过让计算机学习大量的图像数据，它就可以逐渐掌握不同物体的形态特征和颜色分布等信息。当我们向计算机展示一个新的图像时，它可以利用已经学到的知识对这个图像进行分析和识别，从而准确地判断出图像中物体的种类和位置等信息。

同样地，在语音识别领域，机器学习也可以帮助我们实现自动语音转文字、智能客服等功能。通过让计算机学习大量的语音数据，它可以逐渐掌握不同语言的发音规则和词汇库等信息。然后，当我们向计算机说出一句话时，它可以利用已经学到的知识对这句话进行语音分析和识别，从而将其转换成相应的文字或执行相应的操作。

此外，在自然语言处理领域，机器学习也有着广泛的应用。比如自动翻译、情感分析、智能问答等功能都离不开机器学习的支持。如果让计算机学习大量的文本数据，它能逐渐掌握不同语言的语法规则和词汇库等信息。然后，针对输入的文本，它就可以利用学到的知识对这段文本进行分析并理解其含义，从而回答相应的问题。

从上面的例子可以看出，机器学习作为一种非常重要的技术手段，正在改变着我们的生活方式和工作方式。无论是娱乐、购物还是办公、学习等领域，我们都可以看到机器学习的身影。它就像是一个无所不能的助手一样，默默地为我们提供着各种便利和服务。

当然，机器学习的发展也离不开大数据的支持。因为机器学习需要从大量的数据中学习规律和方法，所以数据的质量和数量对于机器学习的效果至关重要。如果我们能够提供更加丰富和多样的训练数据，那么机器学习的效果就会更加出色。因此，在大数据时代背景下，机器学习的发展前景更加广阔和光明。

不过，尽管机器学习在很多方面都表现出了强大的能力，但它也并不是万能的。因为机器学习是基于数据进行学习的，所以它很容易受到数据偏差和噪声等因素的影响。如果我们的训练数据存在偏差或噪声等问题，那么机器学习的效果就会受到影响甚至失效。因此，在使用机器学习技术时，我们需要特别注意数据的质量和数量问题，并采取相应的措施来减少数据偏差和噪声等因素的影响。

此外，机器学习还需要考虑算法的选择和优化问题。因为不同的算法适用于不同的场景和任务，所以我们需要根据具体的应用场景和任务需求来选择合适的算法，并进行相应的优化和调整。这个过程需要我们对算法的原理和特点有深入的了解和认识，否则就很难取得良好的学习效果和应用效果。

除了算法选择和优化问题外，机器学习还需要考虑计算资源和时间成本等问题。因为机器学习需要进行大量的计算和分析工作，所以我们需要有足够的计算资源和时间成本来支持这个过程。如果我们的计算资源有限或者时间成本过高，那么我们就需要采取相应的措施来降低计算复杂度和提高计算效率。比如我们可以采用分布式计算、并行计算等技术手段来加速机器学习过程；或者我们可以采用一些近似算法和启发式算法等方法来降低计算复杂度并提高计算效率。

毫无疑问，机器学习是一种非常重要的技术手段，它正在改变着我们的生活。通过让计算机从数据中学习规律和方法，我们可以实现各种自动化和智能化的功能和服务。但是，在使用机器学习技术时，我们也需要注意数据质量、算法选择、计算资源等方面的问题，并采取相应的措施来解决这些问题。只有这样，我们才能充分发挥机器学习的优势并推动其不断发展壮大。

回到手写数字识别的主题上来，我们可以发现机器学习在这个领域已经取得了非常显著的成果。通过让计算机学习大量的手写数字数据，我们可以构建出一个高效准确的手写数字识别系统。这个系统不仅可以用于各种自动化和智能化的应用场景中（比如自动填写表单、自动分类邮件等)，还可以作为其他更复杂图像处理任务的基础和前提(比如车牌识别、人脸识别等)。因此，可以说手写数字识别是机器学习领域的一个重要里程碑和突破点之一。

当然，在未来的发展中，我们还需要不断探索和创新更多的机器学习方法和技术手段来进一步提高手写数字识别的准确性和效率性。比如我们可以尝试采用深度学习等更加先进的机器学习方法来挖掘更深层次的特征和信息；或者我们可以尝试采用迁移学习等方法来利用其他相关领域的知识和经验来提高手写数字识别的效果；还可以尝试采用强化学习等方法来让计算机在不断尝试和调整中逐渐提高自己的识别能力等等。这些新的方法和技术手段都有望为手写数字识别领域带来新的突破和进展。

最后需要强调的是，虽然机器学习在手写数字识别等领域已经取得了非常显著的成果，但它仍然是一个不断发展和完善的领域。随着大数据时代的到来以及计算机技术的不断进步和创新，我们有理由相信机器学习将会在未来发挥更加重要和广泛的作用，并为我们带来更多的便利和惊喜。因此，我们应该保持对机器学习的关注和热情，并积极参与到这个领域的探索和创新中来，共同推动机器学习的发展和壮大。

第三章 机器是怎么学习的

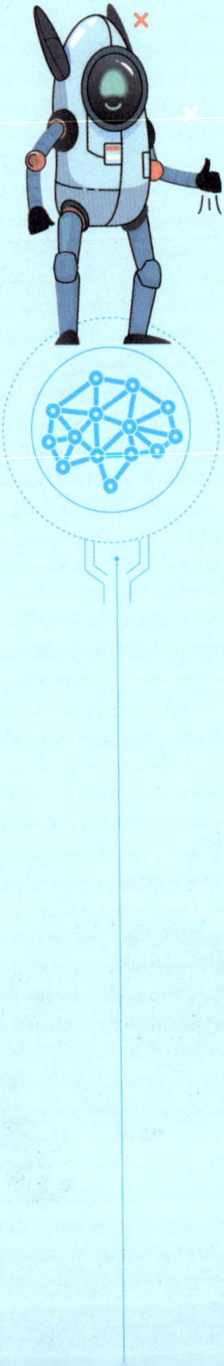

在我们踏入这个奇妙而复杂的机器学习世界之前，不妨先想象一下，一个小朋友是如何一步步认识这个世界的。他可能会通过父母的教导来认识各种事物，也可能会通过自己的观察和摸索，逐渐积累起对这个世界的认知。机器的学习过程，其实与这个小朋友的成长过程有着异曲同工之妙。

机器学习也和小朋友认识世界一样的，可以是老师教，也可以是自己学。这里的“老师”，就是那些精心编写的程序和算法，它们将知识和规则传授给机器；而“自己学”，则是让机器在大量的数据中摸爬滚打，自己总结出规律和模式。

你可能会好奇，机器究竟是怎么通过这些数据来学习的呢？其实，这个过程就像是我们人类通过读书、实践来获取知识一样。只不过，机器的学习方式更加高效和精准。它不需要像人类那样花费大量的时间和精力去理解文字、图像等信息，而是可以直接通过算法和模型，从数据中提取出有价值的信息。

那么，机器通过不同的方式学习能干什么呢？答案可能会让你大吃一惊。机器通过不停学习，能自己思考、判断，对问题求解答案。它不仅可以像人类一样进行分类、识别、预测等任务，甚至在某些方面还能超越人类的能力。比如，在图像识别领域，机器可以准确地识别出人脸、动物、植物等各种物体；在语音识别领域，机器可以听懂我们的语音指令，并进行相应的操作；在自动驾驶领域，机器可以根据路况和交通规则，自主地驾驶汽车。

说到这里，你可能会有些疑惑：机器到底是怎么做到这些的呢？别急，让我们一步步来揭开这层神秘的面纱。

3.1 人解决问题的思维方式

在我们深入探讨机器的学习方式之前，不妨先回顾一下人类自己是如何解决问题的。当我们遇到一个问题时，通常会根据自己的过往经历、经验和知识来做出决策。比如，如果你是一个经验丰富的厨师，那么在烹饪一道新菜时，你会根据自己的味觉记忆和烹饪技巧来调配食材和火候；如果你是一个医生，在面对一个病人的病情时，你会根据自己的医学知识和临床经验来制定治疗方案。

这种基于经验和知识来做出决策的方式，其实是我们人类的一种思维方式。我们不断地从生活中积累经验，形成自己的知识库，并在面对问题时从中提取出有用的信息来指导我们的行动。（如图3-1所示）

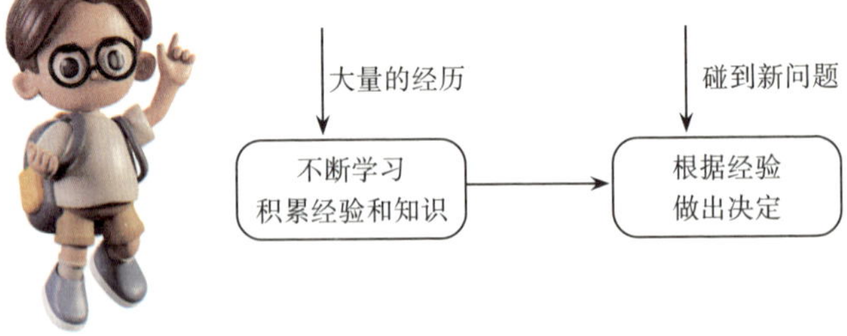

图3-1　人类思维方式示意图

3.2 机器模拟人的思维方式

既然人类可以通过经验和知识来解决问题，那么机器能不能也做到这一点呢？答案是肯定的。机器学习就是计算机科学中一颗璀璨的明珠，它巧妙地利用现有的数据，通过分析和整合，让机器学会预测或应对未来的信息。

想象一下，如果我们给机器提供大量的历史数据，比如股票市场的走势、病人的病历信息、天气预报的历史数据等，那么机器能不能从中找出一些规律来呢？答案是可以的。通过机器学习算法和模型，我们可以让机器对这些数据进行分析和学习，从而找到数据中的隐藏规律。

一旦机器找到了这些规律，它就可以像人类一样进行预测和决策了。比如，在股票市场中，机器可以根据历史数据来预测未来的股价走势。这个神奇的过程，与模式识别、计算统计以及人工智能等前沿领域紧密相连。模式识别让机器能够识别出数据中的模式和特征；计算统计则让机器能够对数据进行精确的分析和计算；而人工智能则是一个更广泛的概念，它涵盖了机器学习、自然语言处理、计算机视觉等多个领域。这些领域就像是拼图游戏中的一块块重要碎片，共同构成了智能世界的宏伟图景。

机器模拟人的思维方式如图3-2所示。

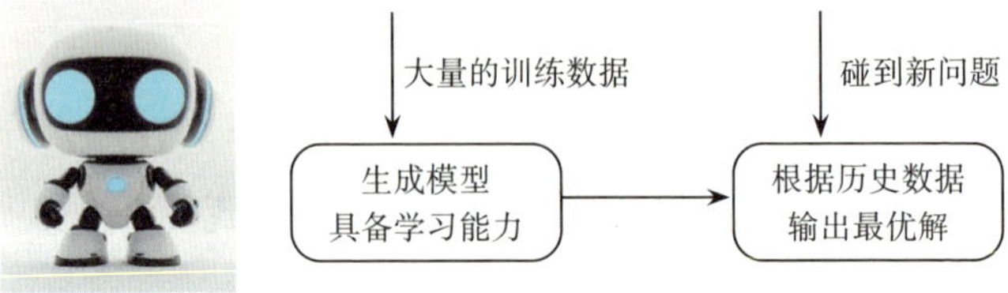

图3-2　机器模拟人的思维方式示意图

3.3 机器学习的工作方式

那么,机器学习具体是怎么工作的呢?其实,它的工作方式并不神秘,而是基于一些基本的原理和算法。

首先,我们需要准备一些已知的数据,就像是给机器看的“教科书”。这些数据可以是任何形式的信息,比如数字、文字、图像等。这些数据的数量和质量对机器的学习效果有着至关重要的影响。如果数据太少或者质量太差,那么机器可能无法从中找到有用的规律;而如果数据太多或者太复杂,那么机器可能需要花费更长的时间来学习。

接下来,我们需要选择一个合适的算法和模型来让机器进行学习。算法是机器学习中的核心部分,它决定了机器如何从数据中提取出有用的信息。而模型则是一个框架或者结构,它用来表示机器学到的知识和规律。

在选择算法和模型时,我们需要考虑多个因素,比如数据的类型、问题的复杂度、计算资源的限制等。不同的算法和模型适用于不同的问题和数据集,因此我们需要根据具体情况进行选择。

一旦选择了合适的算法和模型,我们就可以开始让机器进行学习了。这个过程通常被称为“训练”或者“拟合”。在训练过程中,机器会不断地尝试和调整自己的参数和结构,以便更好地拟合数据中的规律。这个过程可能需要花费一定的时间和精力，但是一旦训练完成，机器就可以像一个拥有“智慧”的助手一样，接收新的、未知的数据，并基于之前学到的知识做出预测或响应。机器学习也涉及一些相关学科。（如图3-3所示）

图3-3　机器学习与相关学科示意图

总的来说，机器学习的工作方式是这样的：首先，我们需要准备一些已知的数据，就像是给机器看的“教科书”。然后，利用这些数据，并通过特定的算法和模型，让机器进行“学习”和“训练”。在这个过程中，机器会不断地尝试和调整，直到找到最能准确描述数据规律的模型。

一旦模型训练完成，它就像是一个拥有“智慧”的助手，能够接收新的、未知的数据，并基于之前学到的知识做出预测或响应。比如，在天气预报中，机器学习模型可以分析历史气象数据，预测未来的天气情况；在医疗领域，它可以分析病人的病历信息，辅助医生做出更准确的诊断。

在日常生活中,机器学习无处不在。比如,当你使用地图导航寻找从A点到B点的最优路线时,背后就有机器学习在默默工作,分析海量的交通数据,为你规划出最快捷的路径,如图3-4所示。同样,在玩棋盘游戏时,你也会发现,机器学习能帮助计算机预测每一步棋的胜率,从而制定出更明智的策略。

图3-4　出行线路规划

3.4 机器学习的模型

机器学习是如何实现它那些令人惊叹的本领的呢？其实，它的秘诀就在于建立一个特别的模型，这个模型就像是一个翻译家，能把我们测量到的数据转换成指挥机器未来行动的秘密代码。

当机器像个小侦探一样，从周围的环境中搜集到线索（也就是信息）时，这些信息会被它分成两部分。一部分是“紧急行动队”，专门用来让机器立刻做出反应，就像是看到红灯就要马上刹车一样迅速。而另一部分呢，就是“智慧成长组”，它们被用来帮助机器不断学习，就像我们通过做练习题来提高成绩一样，机器也通过这部分数据来改进自己的模型，让它的预测和决定变得越来越聪明、越来越准确。

所以，机器学习就是这么神奇，它一边忙着应对眼前的任务，一边还不忘积累经验，让自己变得更加强大。（如图3-5所示）

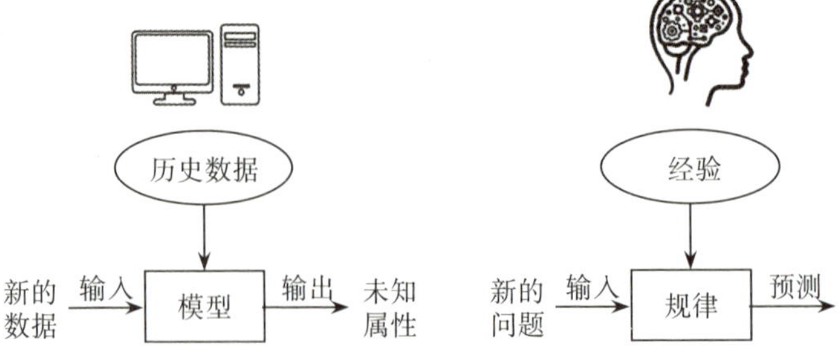

图3-5　机器学习过程

以自动驾驶汽车为例，这就是机器学习在现实世界中的一个精彩应用。自动驾驶汽车需要在复杂的动态环境中行驶，它们需要构建环境地图、进行自我定位，并依靠各种传感器来感知周围环境。通过机器学习，自动驾驶系统能够不断学习和适应，从而在没有驾驶员的情况下，也能安全、准确地驾驶汽车。（如图3-6、图3-7所示）

图3 6 自动驾驶示意图

图3-7 系统自动处理数据示意图

3.5 机器学习的学习方式

在探索奇妙的机器学习世界时，我们会发现它就像是一个超级聪明的魔术师，拥有多种不同的“变戏法”方式，分别是：监督学习、无监督学习、半监督学习、强化学习四大类（如图3-8所示）。接下来，让我们一一揭开它们的神秘面纱！

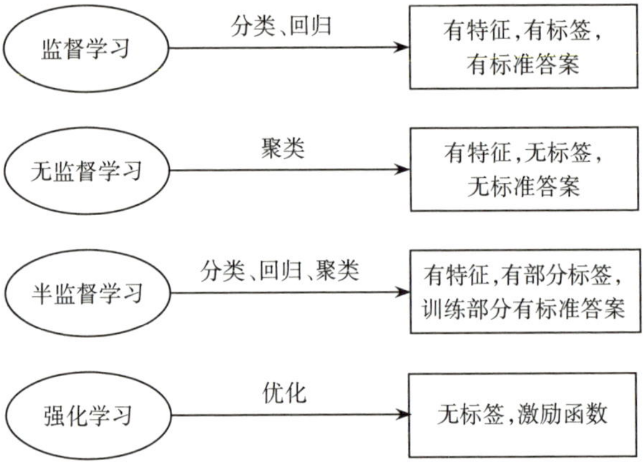

图3-8　机器学习的学习方式

3.5.1 监督学习

一、原理

在探索机器学习这片神秘而广阔的领域时，监督学习如同一盏明灯，引领我们穿越数据的迷雾，发现隐藏的规律与智慧。它不仅仅是一种技术，更像是一门艺术，通过已知的样本，教会模型如何预测未知的世界。让我们以一种轻松而富有趣味的方式，揭开监督学习的神秘面纱。

想象一下，你是一位刚刚踏入园艺世界的新手，面对满园的花卉，却对它们的名字一无所知。幸运的是，你遇到了一位经验丰富的园丁，他不仅指出了每一朵花的名字，还耐心地讲解了它们各自的特征。随着日子一天天过去，你通过观察、学习和实践，逐渐掌握了识别花卉的技巧。当春天再次来临，你漫步在花海中，已能自信地叫出每一朵花的名字。这个过程，与监督学习的原理不谋而合。

在监督学习中，我们的角色就如同那位新手园丁，而那些已知类别的样本，就像是园丁已经标注好的花卉。每一朵“花”都有一个明确的“标签”，告诉我们它是谁，属于哪个家族。这些“花”和它们的“标签”一起，构成了监督学习的训练集。输入对象，即那些“花”，可以是数字、图像、文本或任何形式的数据；而期望的输出值，即那些“标签”，则是我们希望模型能够预测的结果。（如图3-9所示）

图3-9　监督学习示意图

监督学习是从标记的训练数据来推断一个功能的机器学习任务,主要特点就是训练数据是有标签的。(如图3-10所示)

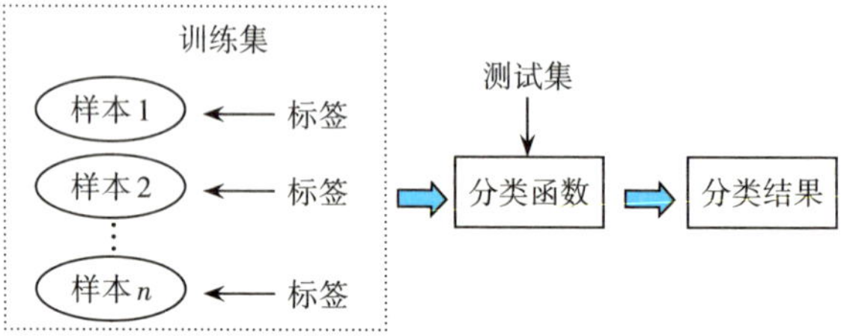

图3-10 监督学习

二、案例

想象一下,妈妈给小朋友展示了许多马的图片,并温柔地告诉他:“这是马。”接着,她又展示了狗的图片,耐心地说:“这是狗。”通过这样一次次的重复训练,小朋友渐渐地学会了如何自己辨认出新的动物图片。机器的学习过程与此相似,它也会利用大量已经被标记好的图片来锻炼自己识别物体的能力。就像小朋友通过不断练习学会了识别动物,机器也通过不断“观看”这些图片,逐渐掌握了识别物体的本领。(如图3-11所示)

(a)标签数据

(b)根据标签数据,对未知数据打标签

图3-11 儿童识物训练一

机器同样能够以类似的方式接受训练，从而具备识别物体的能力。（如图 3-12 所示）

图 3-12　机器训练示意图

测试时，当你输入一张机器以前没见过的照片，机器能辨认出这张图片是猫还是狗。（如图 3-13 所示）

图 3-13　机器测试示意图

监督学习的算法，就像是那位智慧的园丁，它的任务是研究这些训练数据，从中提取出有用的特征，建立起输入对象与期望输出值之间的联系。这个过程就像是在观察花卉的过程中，逐渐发现花瓣的形状、颜色、气味等特征，并将这些特征与花的名字相对应。算法通过不断地调整和优化，学会了如何根据输入对象的特征，准确预测出期望的输出值。

但监督学习并不仅仅满足于模仿园丁的识别技巧，它的目标是成为一位能够独立思考的“植物学家”。这意味着，即使面对从未见过的花卉，算法也能根据已有的知识和经验，做出合理的判断。这就像你学会了识别花卉之后，即使遇到一种全新的品种，也能根据它的特征，大致推断出它可能属于哪个家族。这种能力正是监督学习算法泛化能力的体现，也是它能够广泛应用于图像识别、语音识别、自然语言处理等领域的关键所在。

然而，监督学习并非是一蹴而就的过程。它依赖于高质量的训练数据和准确的标签。如果数据存在偏差或标签错误，就像园丁给你指错了花的名字，那么你的学习就会受到误导，模型的预测结果也会大打折扣。因此，在收集和处理训练数据时，我们需要格外小心，确保数据的准确性和多样性。

此外，监督学习算法的选择也至关重要。不同的算法适用于不同类型的数据和问题。就像在选择园艺工具时，我们需要根据种植的花卉种类和土壤条件来选择最合适的工具一样，在选择监督学习算法时，我们也需要根据数据的特征和问题的复杂度来选择最合适的算法。

值得一提的是，监督学习并不是机器学习的全部。在机器学习的大家庭中，还有半监督学习、无监督学习、强化学习等多种学习方式。它们各自拥有独特的优势和适用场景，共同构成了机器学习丰富多彩的世界。

总的来说，监督学习是一种通过已知样本教会模型预测未知世界的方法。它像是一位耐心的园丁，通过观察和学习，逐渐掌握了识别花卉的技巧；又像是一位智慧的植物学家，能够独立思考，做出合理的判断。在机器学习的旅途中，监督学习为我们打开了一扇通往智慧的大门，让我们得以窥见数据背后的奥秘与可能。

通过监督学习，我们不仅能够解决日常生活中的实际问题，还能激发对未知世界的好奇心和探索欲。它让我们意识到，数据不仅仅是冷冰冰的数字和图像，更是蕴含着无限智慧和可能性的宝藏。在这个数据驱动的时代，让我们携手监督学习，共同探索更加美好的未来。

3.5.2 无监督学习

一、原理

在探索机器学习的奇妙世界时，我们往往会遇到两种截然不同的学习方式：监督学习与无监督学习。如果说监督学习像一位严格的老师，手把手地教学生如何分辨对错，那么无监督学习则更像是一个自由探索的孩子，它不被具体的指令所束缚，而是依靠自身的观察与实践，逐渐学会如何在这个纷繁复杂的世界中做出最优的选择。今天，就让我们一同走进无监督学习的奇妙旅程，看看它是如何在没有明确指导的情况下，让计算机学会如何“做事情”的。

无监督学习的核心，在于它的“无师自通”。它不像监督学习那样，拥有明确的标签和分类标准，而是让计算机在没有任何先验知识的情况下，自己去发现数据中的规律和模式。这就像是一个孩子，在没有大人明确指导的情况下，通过观察周围的环境和与其他孩子的互动，逐渐学会了如何说话、如何玩耍，甚至如何解决问题。

在无监督学习的众多策略中,有一种思路特别引人注目,那就是通过激励制度来引导计算机的行为。想象一下(当然,这里我们用比喻来代替直接的想象),你是一位训练师,正在训练一只聪明的小狗学习新的技能。你不会直接告诉小狗该怎么做,而是通过奖励和惩罚来引导它的行为。当它做出正确的动作时,你会给予它一块美味的骨头作为奖励;而当它做错时,可能会轻轻拍打一下以示惩罚。这样,小狗就会逐渐明白哪些行为是受欢迎的,哪些是不被允许的。

无监督学习中的这种激励制度,同样适用于训练计算机模型。不过,在这里,我们的“小狗”变成了计算机中的Agent(智能体),而“奖励”和“惩罚”则变成了某种形式的激励信号。这些信号可以是正数的奖励,也可以是负数的惩罚,它们的目标都是引导Agent做出能够最大化且长期回报的决定。这种训练方式通常被置于决策问题的框架内,因为我们的目标不再是简单地产生一个分类系统,而是让Agent学会如何在复杂多变的环境中作出最优的决策。

这种基于激励制度的无监督学习,很好地概括了现实世界的复杂性。在现实生活中,我们往往很难给出明确的分类标准或指令,因为很多情况都是动态变化的,需要我们根据当前的情境做出灵活的判断。而基于激励制度的无监督学习,正是通过模拟这种现实世界中的反馈机制,让计算机学会了如何在不确定的环境中作出最优的选择。

除了基于激励制度的思路外,无监督学习还有另一种重要的应用:数据挖掘。在这个信息爆炸的时代,我们每天都会接触到大量的数据,但其中真正有价值的信息往往隐藏在海量无标签的数据之中。无监督学习就像是一位淘金者,它能够在没有先验知识的情况下,从这些数据中挖掘出隐藏的宝藏。

例如,在图像识别领域,无监督学习应该能够在不给任何额外提示的情况下，仅依据图像本身的特征，将相似的图像归类到一起。就像是一堆混杂着各种动物的图片，无监督学习能够自动地将猫的图片、狗的图片、鸟的图片等分别归类，而不需要我们事先为每张图片打上标签。这种能力对于处理大规模数据集来说尤为重要，因为它能够大大节省人力和时间成本。

二、案例一

给儿童展示大量不同动物的图片，让儿童根据相似性自行分类，不提供标签或指导，完成后，与儿童讨论分类依据，帮助他们理解动物的特征。小朋友根据对大量的图片特征分析，将具有相同特性的归类。（如图3-14所示）

（a）在非标签数据中总结

（b）对未知数据进行预测

图3-14　儿童识物训练

输入数据没有被标记，也没有确定的结果。样本数据类别未知，需要根据样本间的相似性对样本集进行分类（聚类），试图使类内差距最小化，类间差距最大化。通俗地讲，就是实际应用中，很多情况下无法预先知道样本的标签，也就是说没有训练样本对应的类别，因而只能从原先没有样本标签的样本集开始学习分类器设计。

无监督学习的特点是，模型学习的数据没有标签，因此无监督学习的目标是通过对这些无标签样本的学习来揭示数据的内在特性及规律，其代表就是聚类。

聚类就是根据数据的特点，或寻找数据的潜在的特点，将数据划分成多个没有交集的子集（每个子集被称为簇）。通过这样的划分，簇可能对应一些潜在的概念，这就需要人为地根据聚类结果将每个簇定义为一个类，然后基于这些类训练模型，用于判别新用户的类型。

三、案例二

社区管理者为了更好地了解居民情况，制定针对性的政策和措施，提高社区治理水平和服务质量，根据社区特点和居民需求将社区居民进行分类。（如图3-15所示）

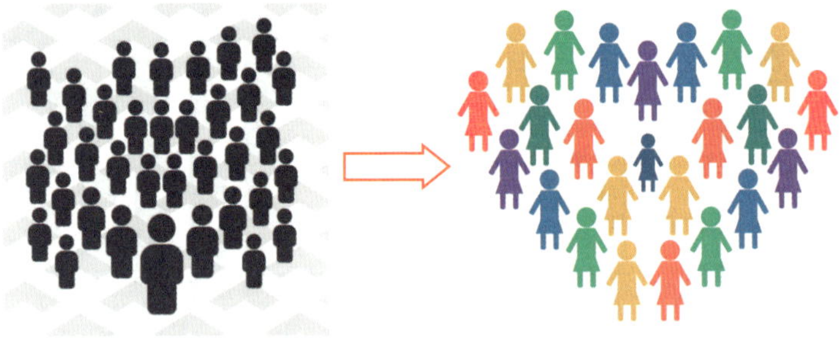

图3-15　社区居民分类

当然，无监督学习并不是万能的。由于它缺乏明确的指导信号和标签信息，因此在某些情况下可能会遇到收敛困难或结果不稳定的问题。但正是这些挑战，促使科研人员不断探索新的算法和技术来改进无监督学习的性能。

总的来说，无监督学习是一种让计算机在没有明确指导的情况下学会如何“做事情”的方法。它通过模拟现实世界的反馈机制和挖掘数据中的隐藏规律，让计算机逐渐学会了如何在复杂多变的环境中做出最优的决策。虽然无监督学习仍然面临着许多挑战和未解之谜，但随着技术的不断进步和应用场景的不断拓展，我们有理由相信，在未来的日子里，无监督学习将会为我们带来更多的惊喜和发现。让我们一起期待这个充满无限可能的未来吧！

3.5.3 半监督学习

一、原理

在探索机器学习的广阔天地时，我们往往会发现，不同的学习方法如同各式各样的工具，各有其独特的用途和魅力。今天，我们要学习的是半监督学习（简称SSL），一个巧妙融合了监督学习与无监督学习优点的“混血儿”，它在模式识别和机器学习领域正逐渐成为研究的热点。

想象一下，你是一位热爱摄影的旅行者，拥有海量的旅行照片，但其中只有少数被精心标注了地点和风景类型。这些标注的照片，就像是你从书中学习到的知识，清晰明了，但数量有限。而那些未标注的照片，则如同你日常生活中的所见所闻，丰富多样，却缺乏明确的指引。如何在有限标注和海量未标注的照片中，找到识别风景的秘诀呢？半监督学习，就是解决这个问题的得力助手。

半监督学习，顾名思义，就是既利用了一部分已标注的数据（就像你手中的那些标注照片），又借助了大量未标注的数据（就像你未标注的旅行照片),来进行模式识别工作。这种学习方法的好处在于,它能够在减少人力成本的同时,依然保持较高的准确性。想象一下(再次强调,这是叙述方式,非直接想象),如果你每次都要为每一张照片标注地点和风景类型,那将是一项浩大的工程。而半监督学习,就像是一位聪明的助手,它能够帮助你从少量的标注数据中学习规律,然后利用这些规律去识别那些未标注的数据,从而大大减轻了你的工作负担。

半监督学习的核心在于如何有效地结合标注数据和未标注数据。这就像是一位画家在创作时,既参考了经典的画作(标注数据),又融入了自己的观察和想象(未标注数据),最终创作出了一幅独具特色的作品。在半监督学习中,标注数据就像是一座灯塔,为模型提供了明确的方向;而未标注数据则像是一片广阔的海洋,为模型提供了丰富的素材和灵感。通过巧妙地结合这两部分数据,半监督学习能够训练出既准确又高效的模型。

那么,半监督学习是如何具体实现的呢?这里,我们可以举一个简单的例子来说明。假设你正在训练一个图像分类模型,目标是识别出照片中的动物种类。你手头有一些已经标注好动物种类的照片(比如猫、狗、鸟等),同时还有很多未标注的照片。半监督学习的一种方法是,首先利用那些标注好的照片来训练一个初始的模型。然后,这个模型会被用来对未标注的照片进行预测,虽然这些预测可能不完全准确,但它们为未标注数据提供了一些有用的信息。接下来,这些预测结果会被用来进一步调整和优化模型,使其更加准确。这个过程可能会迭代多次,直到模型在标注数据和未标注数据上都表现出较好的性能。

半监督学习的另一个重要应用是在自然语言处理领域。比如,在文本分类任务中,我们可能只有少量的标注文本(比如新闻文章的类别），但拥有大量的未标注文本（比如网页内容、社交媒体帖子等）。通过半监督学习，我们可以利用这些未标注文本中的语言模式和上下文信息来辅助模型的训练，从而提高文本分类的准确性。（如图3-16所示）

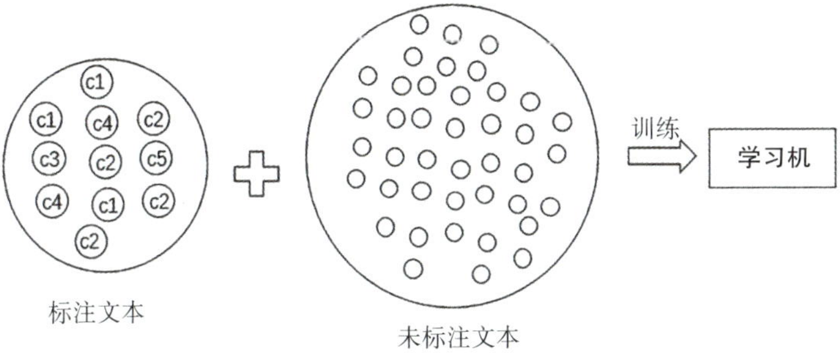

图3-16　半监督学习

二、案例

医生在检测病例时，不可能学习所有的医学影像资料，只能运用一些标出的和一些未标出的数据来综合判断。机器人医生也是如此。（如图3-17所示）

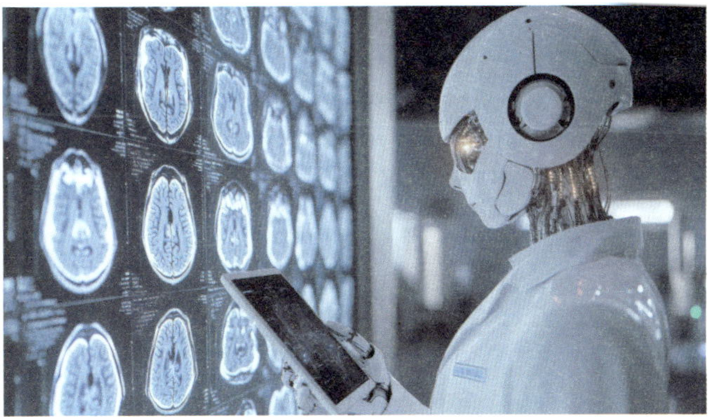

图3-17　机器人医生判断病例示意图

值得一提的是，半监督学习并不是一种万能的方法。它依赖于标注数据和未标注数据之间的关联性，以及模型对这些数据的处理能力。如果标注数据太少或者未标注数据太杂乱无章，那么半监督学习的效果可能会大打折扣。因此，在实际应用中，我们需要根据具体的数据情况和任务需求来选择合适的学习方法。

总的来说，半监督学习是一种既经济又高效的机器学习方法。它巧妙地结合了监督学习和无监督学习的优点，能够在减少人力成本的同时保持较高的准确性。随着数据量的不断增加和计算能力的不断提升，半监督学习在各个领域的应用前景将越来越广阔。无论是图像识别、自然语言处理还是其他机器学习任务，半监督学习都有望成为我们解决复杂问题的重要工具。让我们一起期待这个充满无限可能的未来吧！

3.5.4 强化学习

一、原理

在人工智能的浩瀚宇宙中，有一种特别的学习方法，它让机器如同探索世界的孩童，通过不断尝试与反馈，学会如何做出最优的决策。这种方法，我们称之为强化学习。想象一下，如果我们想要教导一个机器人学会行走，最直接的方式或许是直接编程告诉它每一步该如何迈动。但这样的方法既烦琐又不灵活，难以应对复杂多变的环境。而强化学习，则为我们打开了一扇全新的大门，让机器人能够在不断实践中自我学习，逐渐掌握行走的技巧。

强化学习，顾名思义，是一种通过强化信号来指导学习的方法。这个过程，就像一位教练在训练运动员时，不会一开始就给出详细的步骤和指令，而是在运动员尝试动作后，根据表现给予反馈。做得好，就给予鼓励；做得不好，就指出问题所在。机器人，这位“运动员”，在强化学习的框架下，就是通过不断的尝试和接收反馈，来逐渐优化自己的行为策略。

在这个学习过程中,有一个至关重要的概念——激励函数。这个函数就像是评判机器人行为的“裁判”,它根据机器人执行的动作和产生的结果,给出一个数值化的评分。这个评分既可以是正数(代表奖励),也可以是负数(代表惩罚)。机器人,这位“运动员”,就是通过观察这些评分,来调整自己的行为,以期获得更高的奖励,避免惩罚。这个过程就像是一个没有答案的作业本,每一次尝试,都是一次自我探索和发现的过程。(如图3-18所示)

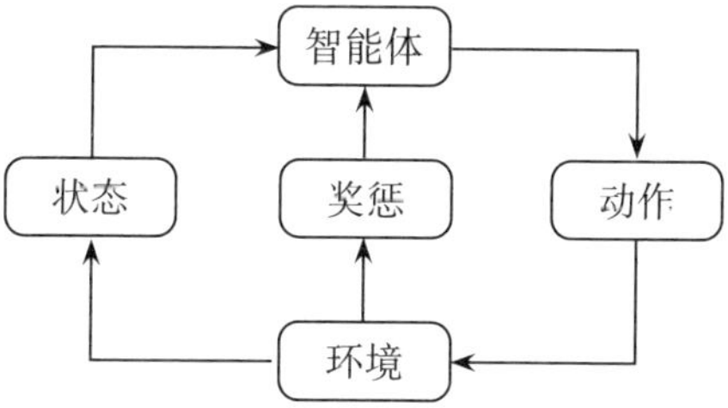

图3-18　强化学习

强化学习与监督学习,虽然都是机器学习的重要分支,但它们之间存在着显著的差异。在监督学习中,每一个训练样本都伴随着一个明确的标签,告诉模型这个样本的正确分类或预测结果。而在强化学习中,机器人在尝试一个动作时,并不会立刻知道这个动作是好是坏,它需要在不断尝试和摸索中,通过训练积累的经验来慢慢判断。这种延迟的反馈机制,使得强化学习更加贴近现实世界的复杂性,也让机器人学会了在不确定的环境中做出最优决策。

强化学习的魅力,不仅在于它能够处理复杂的决策问题,更在于它能够激发机器人的自主学习和探索精神。在这个过程中,机器人不再是被动地接受指令,而是主动地寻找解决问题的最佳方案。这种能力对于机器人来说,就如同拥有了独立思考的智慧,让它们能够在面对未知和挑战时,展现出惊人的适应性和创造力。

强化学习的应用领域广泛，从机器人行走、游戏AI到自动驾驶汽车，都留下了它的足迹。在游戏领域，强化学习让AI学会了如何像人类玩家一样思考，不仅能够在复杂的游戏中取得高分，还能够通过自我学习，发现人类玩家未曾发现的策略和技巧。在自动驾驶领域，强化学习让汽车能够在模拟环境中不断练习，学会如何在各种路况下安全驾驶，从而提高自动驾驶系统的安全性和可靠性。

二、案例

有一个调皮的孩子不愿意做作业，父母就会在孩子不愿意做作业的时候说："做完作业带你去吃好吃的。"这时候，孩子就会为了去吃好吃的乖乖地去写作业，久而久之，他就会明白，只有努力写作业才能获得吃好吃的奖励。

然而事情不是总这么简单，父母对于作业完成的顺序可能会有要求，假如父母特别希望看到孩子先做完数学，然后再做语文、英语作业，如果按照父母的意愿先做完数学再做其他作业，那么就不仅能吃上炸鸡，还可以加一个雪糕。于是小孩就会学聪明点，为了吃到更多食品，就会按照父母的意愿去先完成数学作业，再做其他作业。最后小孩不仅知道努力做作业可以获得奖励，并且为了吃到更多的食品，改变做作业的顺序，这就相当于找到一个好的策略，能够使小孩获得最大累积奖励。

案例中，孩子代表智能体，父母代表环境，炸鸡和雪糕分别代表不同的奖励机制，小孩选择不做作业、做作业以及做作业的顺序就是动作，当前作业的完成情况可以类比为状态。父母（环境）会根据孩子作业的完成情况（当前状态）给予不同的奖励，对于不同奖励，小孩会采取不同的方式去做作业（选择动作），其中先做数学作业就是最优策略。（如图3-19所示）

图3-19 儿童强化学习机制示意图

强化学习就是不断地根据环境的反馈信息进行试错学习，进而调整优化自身的状态信息，其目的是找到最优策略，或者找到最大奖励的过程。

当然，强化学习并非无所不能。在实际应用中，它还面临着诸多挑战。比如，如何设计一个合理的激励函数，使得机器人能够在复杂的任务中找到最优策略；如何平衡探索与利用的关系，让机器人在探索新策略的同时，不失去对当前最优策略的利用；以及如何在有限的时间内，让机器人通过有效的学习，达到令人满意的性能水平。这些问题，都是当前强化学习研究中的热点和难点。

尽管如此，强化学习依然以其独特的魅力和广泛的应用前景，吸引了越来越多的关注和研究。随着计算能力的不断提升和算法的不断优化，我们有理由相信，在未来的日子里，强化学习将在更多领域展现出它的价值和潜力。无论是智能家居、智能制造还是智慧城市，强化学习都将成为推动人工智能发展的重要力量。让我们一起期待这个充满无限可能的未来吧！

3.6 机器学习的模式与算法

3.6.1 机器学习模式

在探索人工智能的广阔天地里，机器学习无疑是最为璀璨的星辰之一。它不仅为机器赋予了获取知识的能力，更是衡量一个系统是否具备智能的重要标志。想象一下，如果一个计算机系统只能按部就班地执行任务，而无法从经验中学习、成长，那么它距离真正的智能还有很长的路要走。机器学习，正是连接机器与智能之间的桥梁。

当我们谈论机器学习时，不得不提到它对人类学习模式的模仿与借鉴。这种模仿并非简单的复制，而是基于对人类认知、记忆和学习机制的深刻理解，进而在机器上实现类似的过程。根据这一理念，机器学习可以被划分为几个主要流派：符号学习、神经学习，以及知识发现和数据挖掘。这些流派各自拥有独特的理论和方法，共同构成了机器学习丰富多彩的画卷。

一、符号学习

让我们先走进符号学习的世界。这个流派的思想根源可以追溯到20世纪30年代，美国心理学家E·C·托尔曼的一系列动物学习实验。托尔曼通过精心设计的迷津实验，发现动物在寻找食物的过程中，并非仅仅依靠简单的刺激-反应模式。相反，它们能够“认知”迷津中的颜色、声音、气味，以及通道的长度、宽度和转角位置等特点。这些特点在动物头脑中形成了一种“符号”，就像一张现场地图，指导着它们奔向目标。

托尔曼认为，动物学习的不是机械的运动反应，而是这些符号及其背后的意义。这一观点为符号学习流派奠定了理论基础。在机器学习中，符号学习流派通过解析和理解数据的符号特征，来构建知识表示和推理机制。这种学习方式就像我们在阅读一本书时，不仅关注文字本身，更试图理解文字背后的意义、情感和逻辑关系。

符号学习的优势在于它能够处理具有明确语义和结构的数据，如自然语言、逻辑推理等。然而，面对复杂、模糊和不确定性的现实世界，符号学习也面临着挑战。它需要找到一种有效的方法来抽取和表示数据中的符号特征，同时还需要构建强大的推理机制来应对各种复杂情况。

二、神经学习

接下来，让我们踏上神经学习的神秘之旅。与符号学习不同，神经学习借鉴了人脑的学习和记忆机制。脑科学研究表明，人脑的学习和记忆过程都是通过神经系统来完成的。在这个系统中，神经元既是学习的基本单位，也是记忆的基本单位。它们通过复杂的连接和交互，形成了强大的学习和记忆能力。

神经学习在机器学习中的实现，主要依赖于人工神经网络（ANN）。这种网络由大量的神经元节点组成，每个节点都与其他节点通过连接权重相连。这些连接权重在训练过程中不断调整，以最小化输出误差。神经学习的核心在于这种自适应的学习机制，它使得神经网络能够自动地从数据中提取特征、学习规律,并做出准确的预测和决策。

根据神经网络模型的类型,神经学习可以分为多种不同的方法。其中,感知器学习是一种基于纠错学习规则的方法。它采用迭代思想,不断调整连接权值和阈值,直到满足结束条件为止。这种方法简单直观,但只能处理线性可分问题。BP神经网络学习则是一种更为强大的学习算法,它采用误差反向传播机制,通过不断调整网络连接权重来最小化输出误差。这种方法能够处理复杂的非线性问题,是神经学习中最为常用的方法之一。

除了感知器学习和BP神经网络学习外,还有径向基神经网络学习等方法。这些方法各有千秋,共同构成了神经学习的丰富多彩。它们通过模拟人脑的学习和记忆机制,为机器学习开辟了一条新的道路。

神经学习的优势在于它能够处理复杂、非线性、高维的数据。它不需要显式地定义数据的特征和结构,而是通过学习来自动地提取和表示这些特征。这使得神经学习在图像识别、语音识别、自然语言处理等领域取得了显著的成果。然而,神经学习也面临着一些挑战。例如,它需要大量的训练数据和计算资源来训练模型;同时,模型的泛化能力和稳定性也需要得到进一步的提高。

三、知识发现和数据挖掘

最后,让我们一同踏上知识发现和数据挖掘的宝藏之旅。在这个信息时代,数据无处不在。然而,这些数据往往以杂乱无章的形式存在,难以直接揭示其背后的规律和知识。知识发现和数据挖掘正是为了解决这一问题而诞生的。

知识发现和数据挖掘是在数据库的基础上实现的一种知识发现系统。它综合运用统计学、模糊数学、机器学习和专家系统等多种学习手段和方法,从数据库中提炼和抽取知识。这些知识可以是模式、规则、关联、分类等,它们揭示了数据之间的内在联系和本质原理。

与传统的数据库技术相比,知识发现和数据挖掘具有显著的优势。传统的数据库技术主要关注对数据库的查询和检索,而无法从数据库中提取知识。这使得数据库中所蕴含的丰富知识被白白浪费。而知识发现和数据挖掘则能够以数据库作为知识源去获取知识,不仅提高了数据库中数据的利用价值,也为各种智能系统的知识获取开辟了一条新的途径。

知识发现和数据挖掘的应用领域非常广泛。在市场营销中,它可以帮助企业发现潜在的客户群体和消费趋势;在金融领域,它可以用于风险评估和欺诈检测;在医疗领域,它可以用于疾病诊断和药物研发等。

然而,知识发现和数据挖掘也面临着一些挑战。例如,数据的质量和完整性往往会影响挖掘结果的准确性和可靠性;同时,挖掘过程中的隐私保护和安全性问题也需要得到充分的关注。为了解决这些问题,我们需要不断改进和优化知识发现和数据挖掘的技术和方法,同时加强相关法规和标准的制定和执行。

在机器学习的广阔天地里,符号学习、神经学习和知识发现与数据挖掘各自绽放着独特的光彩。它们相互补充、相互促进,共同推动着机器学习的发展和进步。随着技术的不断演进和应用领域的不断拓展,我们有理由相信,机器学习将在未来发挥更加重要的作用,为我们创造更加美好的未来。

当我们深入探索这些机器学习流派时,会发现它们背后都蕴含着对人类智慧的深刻洞察和模仿。符号学习试图通过解析和理解数据的符号特征来构建知识表示和推理机制;神经学习则借鉴了人脑的学习和记忆机制,通过模拟神经元的连接和交互来实现自适应的学习;而知识发现和数据挖掘则是在大量数据中寻找规律和知识,揭示数据背后的内在联系和本质原理。

这些机器学习流派不仅在理论上具有重要意义,也在实践中取得了显著的成果。例如,在图像识别领域,神经学习已经取得了突破性的进展。通过训练大量的图像数据,神经网络能够自动地提取图像中的特征并做出准确的分类和识别。这使得图像识别技术在人脸识别、自动驾驶等领域得到了广泛的应用。

同样地,在自然语言处理领域,符号学习和知识发现也发挥着重要的作用。通过解析和理解自然语言中的符号特征、语法结构和语义关系,机器能够实现对自然语言的理解和生成。这使得机器能够与人类进行更加自然、流畅的交互和沟通。

此外,机器学习还在推荐系统、医疗诊断、金融风险评估等领域发挥着重要的作用。这些应用不仅提高了工作效率和准确性,也为我们带来了更多的便利和福祉。例如,在医疗诊断中,机器学习能够辅助医生进行疾病诊断和治疗方案的制定;在金融风险评估中,机器学习能够通过对历史数据的分析和挖掘来预测未来的风险趋势和可能性。

然而,机器学习的发展也面临着一些挑战和问题。例如,数据的质量和完整性是影响机器学习效果的重要因素之一。如果数据存在噪声、缺失或不一致等问题,那么机器学习模型的准确性和可靠性就会受到影响。此外,机器学习模型的泛化能力也是一个重要的问题。如果模型只能在训练数据上取得好的效果,而无法在新的、未见过的数据上做出准确的预测和决策,那么这个模型就缺乏泛化能力。

为了解决这些问题,我们需要不断改进和优化机器学习的技术和方法。例如,可以采用数据预处理技术来提高数据的质量和完整性;可以采用集成学习方法来提高模型的泛化能力;还可以采用深度学习等新技术来探索更加复杂和高效的模型结构和学习算法。

同时,我们也需要关注机器学习在社会和伦理方面的影响。例如,机器学习可能会引发隐私保护、数据安全等问题;也可能会导致就业结构的变化和社会不平等的加剧。因此,我们需要在推动机器学习发展的同时,加强相关法规和标准的制定和执行,确保机器学习的应用符合社会伦理和法律法规的要求。

总之,机器学习作为人工智能的重要分支之一,正在发挥着越来越重要的作用。通过模仿和借鉴人类的学习机制和方法,机器学习已经在许多领域取得了显著的成果。然而,机器学习的发展也面临着一些挑战和问题。我们需要不断改进和优化机器学习的技术和方法,同时关注其在社会和伦理方面的影响,以确保其健康、可持续发展。

在这个过程中,我们也需要保持开放的心态和创新的精神。机器学习是一个不断发展的领域,新的技术和方法不断涌现。我们需要保持对新技术的好奇心和探索精神,不断学习和尝试新的方法和技术。同时,我们也需要保持对旧有技术的敬畏和尊重,不断反思和总结其优缺点和适用范围。在未来的发展中,我们可以期待机器学习在更多领域发挥更大的作用。

3.6.2 机器学习算法

在机器学习这片广袤的天地里，分类算法如同一位技艺高超的画家，将纷繁复杂的数据世界描绘得井井有条。它不是凭空创造，而是基于已知的信息，为未知的数据找到它们应有的归属。今天，我们就来一起探索这神奇的分类算法，看看它究竟是如何工作的，以及它在判断邮件是否为垃圾邮件这一实际问题中的应用。

一、分类算法

首先，让我们明确一下什么是分类。简单来说，分类就是根据一些已知的类别信息，将新的数据条目归入到相应的类别中。这就像我们在日常生活中，根据物品的外观、功能等特点，将它们归类到不同的类别里，比如水果、蔬菜、家具等。在机器学习中，这个过程被赋予了更严谨的定义和数学表达。

分类任务的目标是通过学习得到一个目标函数f，这个函数就像一个神奇的转换器，能够将每个属性集x（也就是数据的特征）映射到一个预先定义的类标号y中。这里的类标号y，就是我们所说的类别。换句话说，分类算法就是要找到一个方法，让机器能够根据数据的特征，自动地判断出它们应该属于哪个类别。

这个过程之所以被称为有监督的学习，是因为在训练过程中，我们需要提供大量的已知类别标号的样本数据给机器。这些样本数据就像是机器学习的“教科书”，告诉机器什么样的数据应该归为哪一类。机器通过不断学习这些样本数据，逐渐掌握分类的规律，并最终形成自己的分类模型。

1. 分类算法的种类

在机器学习的大家庭中，分类算法可谓是种类繁多，各有千秋。

它们虽然都提到了一个已知的类别标号，但在具体实现上却各有特色。有的算法擅长处理线性可分的数据，有的算法则能在复杂的数据分布中找到规律。

就拿判断邮件是否为垃圾邮件这一任务来说，我们可以使用多种分类算法来实现。比如，朴素贝叶斯算法就是一种常用的分类方法。它基于贝叶斯定理，通过计算每个类别下特征出现的概率，来判断数据属于哪个类别的可能性最大。这种方法在处理文本数据时表现得尤为出色，因为它能够很好地捕捉到词汇在文本中的分布情况。

除了朴素贝叶斯算法外，还有决策树、支持向量机、随机森林等分类算法。决策树通过构建树状结构来表示分类过程，每个节点代表一个特征判断，叶子节点代表类别。支持向量机则试图找到一个超平面，将不同类别的数据分开，并且这个超平面到两类数据的距离都尽可能大。随机森林则是由多个决策树组成的集合，通过综合多个决策树的判断结果来提高分类的准确性。

这些分类算法虽然各有千秋，但它们的共同之处在于都是通过学习样本数据来得到分类模型。这个模型就像是一个“黑盒子”，当我们输入新的数据时，它会根据数据的特征输出一个类别标签。当然，这个“黑盒子”并不是真的黑，我们可以通过观察它在不同数据上的表现，来评估它的性能，并对其进行优化。

2.分类算法的实际应用

现在，让我们回到判断邮件是否为垃圾邮件这一实际问题上。在这个场景中，分类算法就像是我们的“邮件助手”，它能够帮助我们自动识别并过滤掉那些不需要的邮件。

首先，我们需要收集大量的垃圾邮件和非垃圾邮件样本。这些样本就像是我们的“训练教材”，它们包含了各种各样的邮件内容、发件人信息、邮件标题等特征。通过对这些样本的预处理和特征提取，我们可以构建出一个特征向量集合，每个特征向量都对应着一封邮件的特征表示。接下来，我们使用这些标记好的数据对分类器进行训练。训练过程就像是我们在学习一门新技能一样，需要不断地尝试和修正。分类器通过不断调整自己的参数和结构，来逐渐掌握分类的规律。当训练完成后，我们就得到了一个可以用于实际分类的模型。

当系统收到新的邮件时，它会自动提取邮件的特征并构建特征向量。然后，这个特征向量会被输入到分类模型中，模型会根据特征向量的值输出一个类别标签——垃圾邮件或非垃圾邮件。这样，我们就实现了对邮件的自动分类和过滤。

当然，这个过程并不是一蹴而就的。在实际应用中，我们可能会遇到各种各样的问题和挑战。比如，垃圾邮件制造者可能会使用各种手段来绕过我们的分类器，比如，使用拼写错误、特殊字符、图片等方式来隐藏垃圾邮件的特征。这时，我们就需要对分类器进行不断的更新和优化，以提高其抗欺骗能力和准确性。

3. 分类算法的“魔法”

分类算法之所以能够实现对数据的自动分类，关键在于它能够从大量的样本数据中学习到分类的规律。这种学习能力并不是与生俱来的，而是基于数学和统计学原理的严谨推导和优化。

在分类算法的背后，隐藏着许多复杂的数学公式和算法。比如，朴素贝叶斯算法中的贝叶斯定理、决策树中的信息增益或基尼系数、支持向量机中的核函数和松弛变量等。这些数学工具为分类算法提供了坚实的理论基础和计算支持。

同时，分类算法还依赖于大量的计算资源和高效的算法实现。在训练过程中，算法需要对大量的样本数据进行迭代和优化，以找到最优的分类模型。这需要强大的计算能力和高效的算法设计来支持。

此外，分类算法还面临着许多挑战和难题。比如，如何处理高维数据、不平衡数据集以及避免过拟合和欠拟合等问题上还存在困难。这些问题都需要我们在实际应用中不断探索和解决。

4.分类算法的“魅力”

尽管分类算法面临着许多挑战和难题，但它仍然在各个领域发挥着巨大的作用。从文本分类到图像识别，从语音识别到推荐系统，分类算法的身影无处不在。

在文本分类领域，分类算法不仅能够帮助我们过滤垃圾邮件，还能够实现新闻分类、情感分析等功能。在图像识别领域，分类算法可以实现对人脸、物体、场景等的自动识别。在语音识别领域，分类算法能够将语音信号转化为文本信息，实现语音交互和语音搜索等功能。在推荐系统领域，分类算法能够根据用户的兴趣和历史行为，为用户推荐合适的商品或服务。这些应用场景不仅展示了分类算法的广泛性和实用性，也体现了它对于人类生活的巨大影响。通过分类算法，我们可以更加高效地处理信息、提高生活质量、促进社会发展。

分类算法作为机器学习领域的重要组成部分，以其强大的学习能力和广泛的应用场景，成了我们处理数据、解决问题的重要工具。通过不断探索和优化分类算法，我们可以更好地应对各种挑战和难题，为人类的进步和发展贡献更多的智慧和力量。在判断邮件是否为垃圾邮件这一实际应用中，分类算法就像是一个“邮件助手”，它能够帮助我们自动识别并过滤掉那些不需要的邮件。（如图3-20所示）这个过程不仅提高了我们的工作效率和生活质量，也展示了分类算法在实际应用中的巨大潜力和价值。

图3-20　自动识别垃圾邮件示意图

当然，分类算法的发展还远远没有停止。随着大数据时代的到来和人工智能技术的不断发展，分类算法将会在更多的领域和场景中发挥重要作用。我们有理由相信，在未来的日子里，分类算法将会为我们带来更多的惊喜和可能。

最后，让我们再次回顾一下分类算法的基本概念和原理。分类算法是一种有监督的学习方法，它通过学习已知类别标号的样本数据来得到分类模型。这个模型可以将新的数据条目归入到相应的类别中。在判断邮件是否为垃圾邮件这一任务中，分类算法通过提取邮件的特征并构建特征向量来实现对邮件的自动分类和过滤。

在这个过程中，分类算法不仅依赖于数学和统计学原理的严谨推导和优化，还需要大量的计算资源和高效的算法实现来支持。同时，分类算法还面临着许多挑战和难题，比如如何处理高维数据、如何处理不平衡数据集、如何避免过拟合和欠拟合等问题。这些问题都需要我们在实际应用中不断探索和解决。

但是，正是这些挑战和难题激发了我们对分类算法的不断探索和创新。通过不断改进和优化分类算法，我们可以提高其准确性和效率，使其更好地服务于人类社会。同时，我们也可以将分类算法与其他机器学习算法相结合，形成更加复杂和强大的机器学习系统，为人工智能技术的发展注入新的活力和动力。

总之，分类算法作为机器学习领域的重要组成部分，具有广泛的应用前景和巨大的发展潜力。通过不断探索和创新，我们可以将其应用于更多的领域和场景中，为人类社会的进步和发展贡献更多的智慧和力量。让我们一起期待分类算法在未来的辉煌表现吧！

二、聚类算法

在数据科学的浩瀚宇宙中，聚类算法如同一双慧眼，能够洞察数据内部隐藏的秩序与结构。它不同于分类算法那样依赖于事先已知的类标进行训练，而是在没有任何预设结果的情况下，自行发现数据中的自然分组。这种无监督学习的技术，就像是一位探险家，在未知的数据世界中寻找着宝藏——那些隐藏的数据模式和结构。

1.聚类：无监督学习的奇妙之旅

聚类分析，作为无监督学习的代表之一，它的魅力在于让我们在不知道正确答案的情况下，依然能够揭示出数据之间的关联和差异。在这个过程中，我们不需要告诉算法哪些数据属于同一类，哪些数据属于不同类，而是让算法自己去发现这些数据之间的相似性，并根据这些相似性将数据分成不同的组，也就是我们通常所说的“簇”。

这些簇就像是数据世界中的一个个小团体，每个团体内的成员都有着相似的特征或属性。而不同的团体之间，则存在着明显的差异。这种分组的方式，不仅让我们能够更直观地理解数据，还能够为我们后续的数据分析和决策提供有力的支持。

聚类算法的目标非常明确，就是要找到数据中自然形成的分组，使得每个簇内的样本相似性大于其他簇内的样本相似性。为了实现这个目标，算法会根据样本间的某种距离或相似性来定义聚类。比如，我们可以使用欧几里得距离来衡量两个样本之间的远近程度，也可以使用余弦相似度来衡量两个向量之间的夹角大小。这些距离或相似性的度量方法，就像是算法手中的尺子，帮助它准确地测量出数据之间的关联和差异。

2.聚类的商业应用：从文档分组到推荐引擎

聚类算法在商业领域的应用非常广泛，它就像是一位魔法师，能够将看似杂乱无章的数据变得井然有序。比如，在文档处理方面，聚类算法可以根据文档的主题和内容，将相似的文档分成同一类，从而方便我们进行信息检索和归档。在音乐和电影领域，聚类算法也可以根据音乐的风格和电影的题材，将相似的作品聚在一起，让我们能够更容易地找到自己喜欢的音乐和电影。

除了这些应用场景外，聚类算法在构建推荐引擎方面也发挥着重要作用。通过对用户的购买行为和兴趣爱好进行聚类分析，我们可以发现有相同兴趣爱好的顾客群体，并根据这些群体的购买习惯来推荐相应的产品或服务。这样一来，不仅能够提高用户的购物体验，还能够为企业带来更多的销售额和利润。

当然，聚类算法的应用并不仅仅局限于这些领域。在生物学、医学、金融等多个领域，聚类算法都有着广泛的应用前景。它就像是一把钥匙，能够打开数据世界的大门，让我们能够更深入地探索数据的奥秘。

3.聚类算法的“家族成员”

在聚类算法的大家庭中，有着许多不同的成员。它们虽然都致力于发现数据中的自然分组，但在具体实现上却有着各自的特色和优势。

比如，K均值算法就是一种常用的聚类算法。它首先随机选择k个初始质心，然后不断迭代更新这些质心的位置，直到达到收敛条件为止。在每次迭代中，算法会根据每个样本到各个质心的距离，将样本分配给最近的质心所在的簇。通过这种方式，K均值算法能够将数据分成k个簇，并且每个簇都有一个明确的质心来表示其中心位置。

除了K均值算法外，还有层次聚类算法、密度聚类算法、网格聚类算法等多种聚类方法。层次聚类算法通过不断合并或分裂簇来形成层次结构，从而揭示出数据之间的层次关系。密度聚类算法则根据样本的局部密度来发现任意形状的簇，而不需要事先指定簇的数量。网格聚类算法则将数据空间划分为有限数量的单元格，并在这些单元格上进行聚类操作，从而提高了聚类的效率和可扩展性。

这些聚类算法虽然各有千秋，但它们的共同之处在于都是基于某种距离或相似性度量来定义聚类的。这些度量方法就像是算法手中的“指南针”，指引着算法在数据世界中寻找着自然形成的分组。

4.聚类算法的“挑战与机遇”

尽管聚类算法在数据科学领域发挥着重要作用，但它也面临着许多挑战和难题。比如，如何选择合适的聚类算法和参数？如何确定簇的数量和形状？如何处理高维数据和不平衡数据集？这些问题都需要我们在实际应用中不断探索和解决。

首先，选择合适的聚类算法和参数是非常重要的。不同的算法和参数可能会导致截然不同的聚类结果。因此，我们需要根据数据的特性和应用需求来选择合适的算法和参数。比如，对于高维数据，我们可以选择基于密度的聚类算法来处理；对于不平衡数据集，我们可以采用加权聚类算法来提高聚类的准确性。

其次，确定簇的数量和形状也是一个棘手的问题。在实际应用中，我们往往不知道数据应该分成多少个簇，也不知道这些簇应该是什么形状。为了解决这个问题，我们可以采用一些启发式方法或评估指标来帮助我们确定簇的数量和形状。比如，我们可以使用轮廓系数来评估聚类结果的好坏，从而选择最佳的簇数量；我们也可以使用基于密度的聚类算法来发现任意形状的簇。

最后，处理高维数据和不平衡数据集也是聚类算法面临的挑战之一。高维数据往往具有稀疏性和冗余性，这使得聚类算法难以有效地发现数据中的自然分组。而不平衡数据集则可能导致聚类算法偏向于数量较多的类别，从而忽略了数量较少的类别。为了解决这些问题，我们可以采用降维技术来减少数据的维度；也可以采用加权聚类算法来处理不平衡数据集，使得每个类别在聚类过程中都能够得到充分的考虑。

5. 聚类算法的“未来展望”

随着大数据时代的到来和人工智能技术的不断发展，聚类算法的应用领域也越来越广泛。它不仅可以在传统领域继续发挥重要作用，还可以在新兴领域展现出新的潜力和价值。

比如，在物联网领域，聚类算法可以帮助我们处理海量的传感器数据,从而实现对设备的智能监控和维护。在医疗健康领域,聚类算法可以根据患者的病历和基因数据来发现疾病的亚型和风险因素,为精准医疗提供有力的支持。在金融领域,聚类算法可以根据客户的交易行为和信用记录来评估客户的信用风险和投资偏好,为金融机构提供更精准的决策支持。

此外,聚类算法还可以与其他机器学习算法相结合,形成更加复杂和强大的机器学习系统。比如,我们可以将聚类算法与分类算法相结合,来实现半监督学习;也可以将聚类算法与异常检测算法相结合,来发现数据中的异常值和潜在风险。这些结合不仅能够提高聚类算法的性能和准确性,还能够拓展其应用范围和功能。

6.结语:探索数据世界的“宝藏”

聚类算法作为无监督学习的代表之一,为我们提供了一种探索数据世界的新视角和新方法。它不需要事先知道正确答案,就能够揭示出数据之间的关联和差异;它不需要依赖人工标注的类标,就能够发现数据中的自然分组。这种能力使得聚类算法在数据科学领域发挥着越来越重要的作用。

在商业领域,聚类算法已经成为构建推荐引擎、优化营销策略、提高用户体验的重要工具;在生物学、医学等领域,聚类算法也为我们提供了发现疾病亚型、预测疾病风险的有力支持。随着大数据时代的到来和人工智能技术的不断发展,聚类算法的应用前景将会更加广阔和美好。

在未来的日子里,让我们一起继续探索数据世界的奥秘吧!在这个充满挑战和机遇的时代里,让我们携手共进,用智慧和勇气去挖掘数据中的宝藏!或许有一天,我们会发现那些隐藏在数据背后的规律和模式,它们将为我们带来更多的惊喜和收获。让我们一起期待这个美好的未来吧！

在结束这篇关于聚类算法的科普文章之前，我想再强调一点：聚类算法并不是一门高深的学问，它也不是遥不可及的技术。相反，它是一门贴近我们生活的科学，它无处不在地影响着我们的日常生活。当我们使用智能手机上的智能分类功能时，当我们浏览社交媒体上的热门话题时，当我们享受个性化推荐服务时，我们都在与聚类算法亲密接触。

聚类算法就像是一位默默无闻的幕后英雄，它默默地为我们提供着便捷和高效的服务。虽然它不像分类算法那样有着明确的类标和预期输出值，但它却能够在不知道正确答案的情况下，依然能够发现数据中的规律和结构。这种能力让我们对数据有了更深入的理解和认识，也为我们后续的数据分析和决策提供了有力的支持。（如图 3–21 所示）

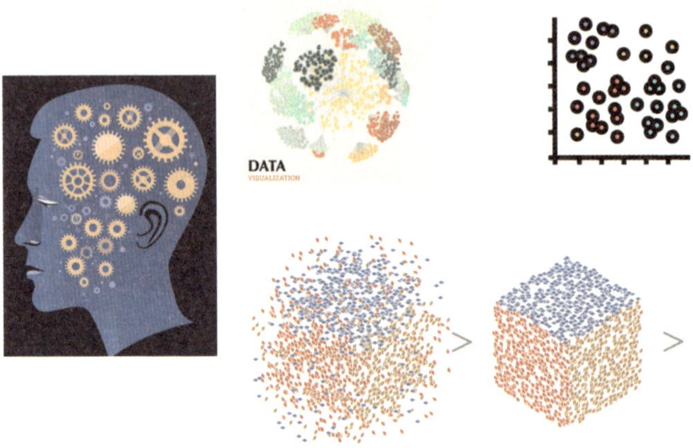

图 3–21　聚类算法示意图

7.案例:用户信用分析

银行对用户贷款审核,针对用户的信用分析完成分类。(如图3-22所示)

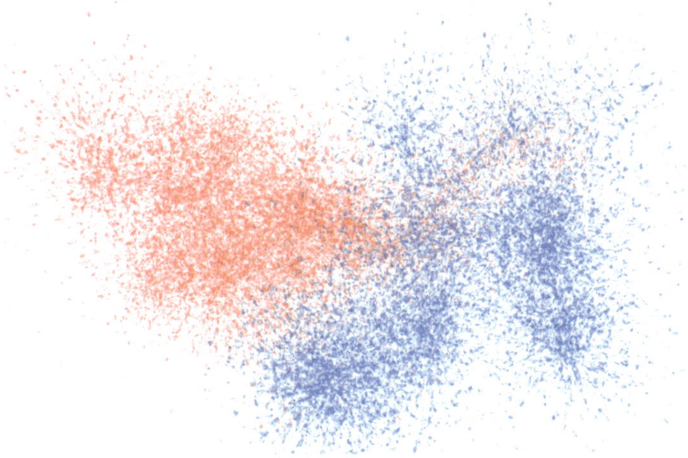

图3-22 银行用户信用分析聚类

三、决策树

在数据科学的广袤森林中,决策树如同一棵枝繁叶茂的智慧之树,它不仅根深蒂固于理论的土壤,更广泛地应用于实践的各个领域。决策树,这个听起来就充满智慧与选择的名字,实际上是一种直观且强大的决策分析方法,它能够帮助我们在纷繁复杂的信息中,找到通往目标的最佳路径。

1.决策树的诞生:从概率到决策

决策树的概念,最初源自对概率的直观运用。想象一下,在面对一个充满不确定性的决策时,我们如果能够知道各种情况发生的概率，那么我们就可以根据这些概率来构建一个决策模型，这个模型就像是一棵树，每个分支代表一个可能的决策路径，而每个叶子节点则代表一个最终的结果。这个模型，就是我们所说的决策树。

在机器学习的语境下，决策树被赋予了更广泛的含义。它不再仅仅是一个概率分析工具，而是一个能够自动从数据中学习并做出预测的模型。这个模型通过构建对象属性与对象值之间的映射关系，来对新出现的对象进行分类或预测。这种能力，使得决策树成了机器学习中不可或缺的一部分。

2.分类树：监管学习的典范

分类树，作为决策树的一种重要形式，它的工作原理非常直观且易于理解。简单来说，分类树就是一种监管学习方法。所谓监管学习，就是给定一堆已知样本，每个样本都有一组属性和一个已知的类别。通过对这些样本的学习，我们可以得到一个分类器，这个分类器能够对新出现的对象进行正确的分类。

分类树的工作过程，就像是一个聪明的向导，它根据对象的属性来逐步引导我们走向正确的分类结果。在这个过程中，每个属性都像是一个决策点，它根据属性的值来决定下一步的走向。通过不断的分支和选择，我们最终能够到达一个叶子节点，这个叶子节点就代表了一个最终的分类结果。

这种直观且易于理解的工作方式，使得分类树在各个领域都得到了广泛的应用。无论是医学诊断、制造业质量控制，还是天文学数据分析、商业策略制定，分类树都能够发挥其独特的优势，为我们提供准确且可靠的决策支持。（如图3-23所示）

图3-23 决策树示意图

3.决策树的决策过程:直观且高效

决策树的决策过程,就像是一场精心设计的寻宝游戏。在这个游戏中,我们扮演着寻宝者的角色,而决策树则是我们手中的藏宝图。通过不断地阅读藏宝图上的线索(即对象的属性),我们逐步缩小搜索范围,最终找到宝藏(即正确的分类结果)。

这个决策过程之所以直观且高效,是因为它充分利用了人类的认知习惯。我们习惯于通过逐步排除不可能的情况来逼近正确答案,而决策树正是基于这种思维方式构建的。它让我们能够清晰地看到每个决策点的影响,以及不同决策路径所导致的最终结果。这种可视化的决策过程,不仅提高了我们的决策效率,还增强了我们的决策信心。

4.决策树的构建:从简单到复杂

决策树的构建过程,就像是一个精心雕琢的艺术品创作过程。我们需要从大量的数据中提取出有用的信息,然后利用这些信息来构建决策树的结构。在这个过程中,我们需要考虑很多因素,比如属性的选择、分支的划分、叶子节点的确定等。

为了构建一棵有效的决策树,我们通常会采用一些启发式算法或贪心算法来逐步构建树的结构。这些算法会根据数据的特点和我们的需求来选择最优的属性进行划分,从而确保每个分支都能够最大限度地减少不确定性。通过这种方式,我们可以逐步构建一个既简单又有效的决策树模型。

当然,在实际应用中,我们还需要对决策树进行剪枝和优化等操作,以确保其具有良好的泛化能力和鲁棒性。剪枝操作可以帮助我们去除那些不必要的分支和叶子节点,从而简化决策树的结构并提高其预测性能;优化操作则可以帮助我们调整决策树的参数和结构,以更好地适应不同的应用场景和数据分布。

5.决策树的魅力:简单而强大

决策树之所以受到如此广泛的关注和喜爱,是因为它具有很多独特的魅力和优势。首先,决策树的结构非常直观且易于理解,这使得我们能够轻松地理解和解释其预测结果;其次,决策树具有很好的可扩展性和灵活性,能够适应不同的应用场景和数据分布;最后,决策树还具有很好的鲁棒性和稳定性,能够在噪声和异常数据的情况下保持较好的预测性能。

这些优势和魅力使得决策树成为了机器学习中不可或缺的一部分。无论是在学术研究还是实际应用中,决策树都发挥着重要的作用。它为我们提供了一种简单而有效的方法来处理和解决复杂的决策问题,让我们能够更加自信地面对未来的挑战和机遇。

6.决策树的应用:广泛且深入

决策树的应用领域之广泛,几乎涵盖了所有需要做出决策的场景。在医学领域，医生可以利用决策树来辅助诊断疾病、制定治疗方案；在制造业中，工程师可以利用决策树来优化生产流程、提高产品质量；在天文学领域，科学家可以利用决策树来分析天文数据、探索宇宙奥秘；在商业领域，企业可以利用决策树来制定营销策略、优化资源配置。

除了这些传统领域外，决策树还在新兴的互联网、人工智能等领域发挥着重要作用。比如，在搜索引擎中，决策树可以帮助我们更好地理解和处理用户的查询意图；在推荐系统中，决策树可以根据用户的兴趣和行为来推荐合适的内容；在自动驾驶技术中，决策树可以帮助车辆做出更加智能和安全的驾驶决策。

7.案例：判断肿瘤是良性还是恶性

对于判断肿瘤，主要从临床诊断、超声波检查、组织穿刺检查三个方面来进行分析并得出结果。（如图3-24所示）

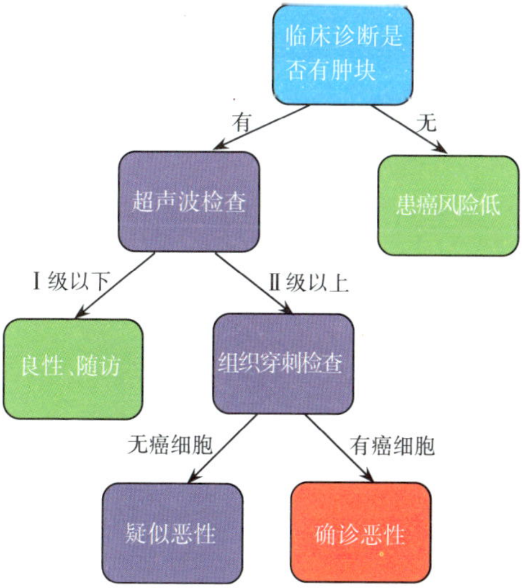

图3-24　判断肿瘤类型示意图

随着技术的不断进步和应用场景的不断拓展，决策树的未来发展充满了无限可能。一方面，我们可以将决策树与其他机器学习算法相结合，形成更加复杂和强大的混合模型；另一方面，我们可以利用深度学习等技术来优化决策树的结构和参数，以提高其预测性能和泛化能力。

此外，随着大数据时代的到来和人工智能技术的不断发展，决策树在各个领域的应用也将更加广泛和深入。我们可以期待在未来的日子里，决策树将为我们带来更多的惊喜和突破，成为推动科技进步和社会发展的重要力量。

第四章

机器学习在日常生活中的身影

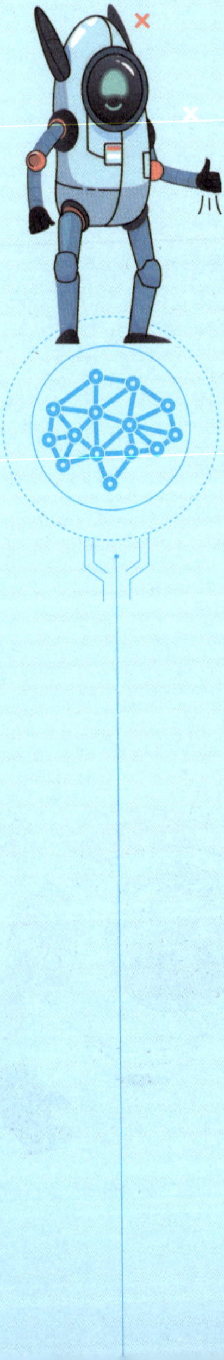

在当今这个科技日新月异的时代，机器学习正以前所未有的速度渗透到我们生活的方方面面，成为推动社会进步和生活便捷化的重要力量。从清晨醒来的那一刻起，到夜晚入睡前的片刻宁静，机器学习技术无时无刻不在以它独特的方式，默默地改变着我们的日常习惯和生活方式。

想象一下，当你清晨醒来，只需轻轻一声呼唤，智能语音助手便应声而动，为你播报天气预报、新闻资讯，甚至根据你的喜好调整室内温度和照明，开启你美好的一天。这背后，正是机器学习技术在智能家居控制领域的广泛应用。它通过学习你的生活习惯和偏好，为你提供个性化的服务，让生活变得更加轻松和舒适。当我们沉浸在音乐的海洋中，享受着旋律带来的愉悦时，机器学习也在默默发挥着它的作用。音乐推荐系统通过分析你的听歌历史和偏好，为你精准推送符合你口味的歌曲，让你的每一次点击都充满惊喜。同样，视频内容定制也利用机器学习技术，根据你的观看记录和兴趣点，为你量身打造个性化的视频内容，让你的娱乐时光更加丰富多彩。在出行方面，机器学习同样展现出了它的强大实力。从精准的导航服务到日渐走向成熟的自动驾驶技术，机器学习正在引领我们走向一个更加智慧、便捷的出行新时代。它不仅能够为我们提供实时、准确的路线规划，还能在自动驾驶技术的加持下，实现车辆的自主驾驶和智能导航，极大地提高了出行的安全性和便捷性。此外，在健康管理领域，机器学习也发挥着举足轻重的作用。通过智能穿戴设备与健康数据追踪，我们可以实时了解自己的身体状况，预防疾病的发生。而疾病早期预警与健康建议功能，更是让我们能够在问题变得严重之前，及时采取措施，保护自己的健康。

机器学习技术如同一股无形的力量，正在悄然改变着我们的日常生活。它让我们的生活变得更加智能化、个性化，也让我们在享受科技带来的便捷的同时，感受到了前所未有的舒适和安心。随着技术的不断进步和应用场景的不断拓展，我们有理由相信，机器学习将在未来继续发挥更加重要的作用，为我们的生活带来更多的惊喜和可能。让我们一起期待并拥抱这个充满无限可能的未来吧！

4.1 智能语音助手

智能语音助手（如图4-1所示），这个近年来备受追捧的科技产品，正是机器学习在日常生活中的一个典型应用。它仿佛是一位时刻待命的私人助理，能够听懂我们的指令，为我们提供各种各样的服务。

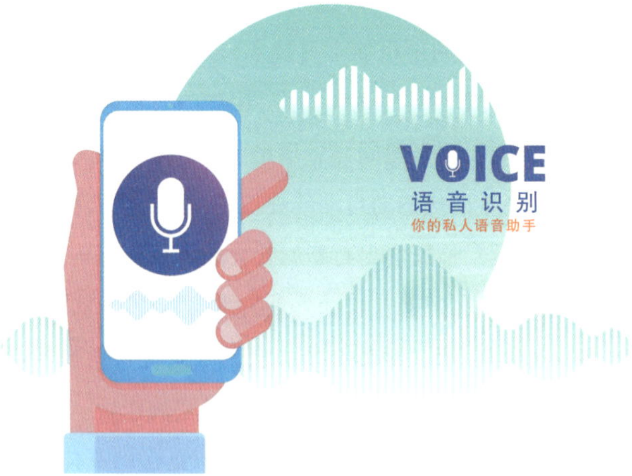

图4-1　智能语音助手示意图

4.1.1 智能家居控制

你是否曾经幻想过，只需轻轻一句话，就能控制家里的各种设备？现在，这已经成为现实。智能语音助手与智能家居系统的结合（如图4-2所示），让我们实现了这一梦想。无论是调节灯光亮度、控制空调温度，还是开关窗帘、播放音乐，只需一句话，智能语音助手就能帮你搞定。

图4-2　智能语音助手与智能家居系统结合示意图

想象一下，在一个寒冷的冬日傍晚，你刚回到家中，只需对着智能语音助手说一句："小智，把空调温度调到25度。"空调便立刻开始工作，为你送来温暖。无须再寻找遥控器，也无须再手动调节温度，一切都变得如此简单便捷。

当然，智能语音助手的功能远不止于此。它还能与智能门锁、智能摄像头等设备相连，为你提供全方位的家庭安全防护。当你离家在外时，只需通过智能语音助手就能查看家中的情况，确保一切安好。

4.1.2 信息查询与日程管理

除了智能家居控制外，智能语音助手在信息查询与日程管理方面也发挥着巨大的作用。它仿佛是一位知识渊博的学者，能够为你解答各种问题，提供最新的资讯。

当你想要了解天气情况时，只需对智能语音助手说："小智，今天北京的天气怎么样？"它立刻就能为你提供详细的天气预报信息，包括温度、湿度、风速等，让你做好出行准备。此外，智能语音助手还能帮你管理日程安排。无论是会议提醒、生日祝福还是日常待办事项，它都能为你一一记录并提醒。当你需要设置提醒时，只需对它说："小智，明天早上7点叫我起床。"它便会准时响起，唤醒你的新一天。

智能语音助手的这些功能背后，都离不开机器学习的支持。它通过不断学习和优化算法，能够更准确地理解你的指令，提供更个性化的服务。同时，它还能根据你的使用习惯，智能推荐你可能感兴趣的内容，让你的生活更加丰富多彩。

在日常生活中，智能语音助手已经成为我们不可或缺的一部分。它不仅能够提供便捷的服务，还能为我们带来无尽的乐趣。比如，当你感到无聊时，可以对着智能语音助手说："小智，给我讲个笑话吧。"它便会立刻为你送上一个幽默的笑话，让你开怀大笑。当然，智能语音助手的发展也离不开我们的支持与反馈。通过不断使用和改进，我们可以帮助它变得更加智能和贴心。同时，我们也需要关注它的隐私保护问题，确保我们的个人信息得到妥善保管。

智能语音助手只是机器学习在日常生活中的一个缩影。实际上，机器学习已经广泛应用于各个领域，为我们的生活带来了翻天覆地的变化。比如,在医疗健康领域,机器学习能够帮助医生更准确地诊断疾病、制定治疗方案;在交通出行领域,机器学习能够优化交通流量、提高出行效率;在金融领域,机器学习能够识别欺诈行为、保护用户资金安全。这些应用背后,都离不开机器学习的强大支持。它通过学习和分析大量数据,能够发现数据中的规律和模式,从而为我们提供更准确、更智能的服务。同时,随着技术的不断发展,机器学习的应用领域也在不断扩大,它将为我们的生活带来更多便利。

在探索机器学习在日常生活中的身影时,我们不禁感叹科技的神奇与魅力。智能语音助手作为其中的代表之一,已经深入我们的生活的方方面面,成为我们生活中不可或缺的一部分。它不仅能够提供便捷的服务,还能为我们带来无尽的乐趣和惊喜。当然,我们也要清醒地认识到,机器学习并非万能。它虽然能够处理和分析大量数据,但仍然存在一些局限性和挑战。比如,在数据隐私保护方面,我们需要确保个人信息得到妥善保管;在算法公平性方面,我们需要避免算法歧视和偏见;在可解释性方面,我们需要提高算法的可理解性和透明度。因此,在享受机器学习带来的便利时,我们也要保持理性和审慎的态度。只有不断学习和探索,才能更好地应对未来的挑战和机遇。同时,我们也要关注机器学习的伦理和社会影响问题,确保技术的发展符合人类的价值观和利益。

总之,机器学习已经悄然渗透进了我们的日常生活,成为我们生活中不可或缺的一部分。它以智能语音助手等形式出现在我们身边,为我们提供便捷的服务和无尽的乐趣。在未来,随着技术的不断发展和应用范围的扩大,机器学习将为我们带来更多惊喜和便利。让我们共同期待并拥抱这个充满无限可能的未来吧!

4.1.3 个性化娱乐体验

在繁忙的生活节奏中，娱乐成了我们放松心情、享受生活的重要方式。而机器学习，这位幕后英雄，正悄悄地为我们打造着个性化的娱乐体验，让我们的休闲时光更加丰富多彩。

1. 音乐推荐系统

你是否曾经有过这样的经历：在茫茫歌海中，偶然听到一首歌曲，瞬间被它深深吸引，仿佛找到了心灵的共鸣？又或者，你是否曾经为找不到适合自己的音乐而苦恼，只能在各种音乐平台上漫无目的地浏览？现在，有了音乐推荐系统，这些问题都迎刃而解了。(如图 4-3 所示)。

图 4-3　音乐推荐系统示意图

音乐推荐系统，正是机器学习在音乐领域的一个重要应用。它通过分析和学习你的听歌习惯、喜好以及歌曲本身的特征，为你推荐符合你口味的歌曲。这样一来，你无须再费心去搜索和筛选，只需打开音乐推荐系统，就能轻松找到那些让你心动的声音。

当你第一次使用音乐推荐系统时，它可能会让你选择一些你喜欢的歌手或歌曲作为初始参考。别担心，这只是一个简单的开始。随着你使用时间的增长，它会越来越了解你的喜好，推荐的歌曲也将更加合你的口味。比如，如果你喜欢周杰伦的流行歌曲，它可能会为你推荐同样具有流行元素的歌曲；如果你偏爱古典音乐，它则会为你推荐那些悠扬动听的古典曲目。

音乐推荐系统的神奇之处，在于它能够根据你的喜好进行智能推荐。这背后，离不开机器学习算法的强大支持。通过不断学习和优化，能够让系统更准确地理解你的喜好，为你推荐更符合你口味的音乐个性化的服务。除了为你推荐符合口味的歌曲外，音乐推荐系统还能根据你的心情和场景为你推荐合适的音乐。比如，当你感到疲惫时，它可能会为你推荐一些轻松愉悦的歌曲，帮助你放松心情；当你需要专注工作时，它则会为你推荐一些节奏平稳、旋律优美的音乐，帮助你提高工作效率。此外，音乐推荐系统还能为你发现那些你可能从未听过但非常值得一听的歌曲。它通过挖掘和分析歌曲之间的关联性和相似性，能够为你推荐那些与你喜欢的歌曲风格相近但又不完全相同的新歌。这样一来，你的音乐世界将变得更加丰富多彩，你也能在音乐的海洋中不断探索和发现新的宝藏。

当然，音乐推荐系统并非完美无缺。有时，它可能会为你推荐一些你并不喜欢的歌曲。这可能是因为你的听歌习惯发生了变化，或者它的算法还需要进一步优化。但别担心，你可以通过给歌曲打分、点赞或评论等方式来反馈你的喜好，帮助它更好地理解你的需求，为你提供更加精准的服务。

除了为你提供个性化的音乐推荐外，音乐推荐系统还能为你带来更加便捷的音乐体验。比如，它可以根据你的喜好为你创建个性化的歌单，让你在需要时能够快速找到适合自己的歌曲；它还可以与智能音箱等设备相连，让你通过语音指令就能轻松控制音乐的播放和切换。

音乐推荐系统的出现，不仅让我们在享受音乐时更加便捷和愉悦，也让我们在音乐的海洋中不断探索和发现新的美好。它如同一位贴心的音乐向导，引领着我们走进一个充满惊喜和感动的音乐世界。

2. 视频内容定制

除了音乐推荐系统外，机器学习还在视频领域为我们带来了个性化的视频内容定制服务。

视频内容定制服务，正是机器学习在视频领域的一个重要应用。它通过分析你的观看习惯、喜好以及视频本身的特征，为你推荐符合你口味的视频内容。这样一来，你无须再费心去搜索和筛选，只需要打开视频平台或应用，就能轻松找到那些让你心动的视频。

当你第一次使用视频内容定制服务时，它可能会让你选择一些你感兴趣的视频类别或话题作为初始参考。随着你使用时间的增长，它会逐渐了解你的喜好和需求，为你推荐更加精准的视频内容。比如，如果你喜欢旅游类的视频，它可能会为你推荐那些介绍世界各地美景和风俗的视频；如果你对科技类的视频感兴趣，它则会为你推荐那些关于最新科技动态和发明的视频。视频内容定制服务的神奇之处，在于它能够根据你的喜好和需求进行智能推荐。这背后，同样离不开机器学习算法的强大支持。这些算法通过不断学习和优化,能够更准确地理解你的喜好和需求,为你提供更加个性化的服务。

除了为你推荐符合口味的视频内容外,视频内容定制服务还能根据你的观看习惯和兴趣点为你推荐相关的视频。比如,如果你在观看一部关于美食的视频时表现出浓厚的兴趣,它可能会为你推荐其他与美食相关的视频;如果你在观看一部关于历史的纪录片时表现出强烈的求知欲,它则会为你推荐其他与历史相关的纪录片和节目。此外,视频内容定制服务还能为你发现那些你可能从未看过但非常值得一看的视频。它通过挖掘和分析视频之间的关联性和相似性,能够为你推荐那些与你喜欢的视频风格相近但又不完全相同的新视频。这样一来,你的视频世界将变得更加丰富多彩,你也能在视频的海洋中不断探索和发现新的美好。

当然,视频内容定制服务也并非尽善尽美。有时,它可能会为你推荐一些你并不感兴趣的视频。这可能是因为你的观看习惯发生了变化,也可能是它的算法还不够完善。不过,通过你给视频的评分或评论等方式,它会越来越能理解你的需求,又可以为你提供更加精准的服务了。

视频内容定制服务的出现,不仅让我们在观看视频时更加便捷和愉悦,也让我们在视频的海洋中不断探索和发现新的美好。它如同一位贴心的视频向导,引领着我们走进一个充满惊喜和感动的视频世界。

总的来说,机器学习在娱乐领域的应用为我们带来了更加个性化的娱乐体验。无论是音乐推荐系统还是视频内容定制服务,它们都通过分析和学习我们的喜好和需求,为我们提供了更加精准和贴心的服务。在未来的日子里,随着机器学习技术的不断发展和完善,我们有理由相信,娱乐领域将会迎来更加丰富多彩的个性化体验。让我们共同期待并拥抱这个充满无限可能的未来吧!

4.2 智慧出行

在日复一日的出行中，你是否曾感受到科技的悄然改变？从最初的纸质地图到如今的精准导航，再到逐渐走向成熟的自动驾驶技术，机器学习正一步步地引领我们走向更加智慧、便捷的出行新时代。

4.2.1 精准导航服务

曾几何时，我们依靠纸质地图和路边的指示牌来规划路线，寻找目的地。而现在，只需打开手机或车载导航仪，输入目的地，一条最优路线就会清晰地呈现在我们眼前。这就是精准导航服务带来的便捷。

精准导航服务背后，离不开机器学习技术的强大支持。它通过收集和分析海量的交通数据，包括道路信息、车流量、交通管制等，为我们提供实时、准确的导航信息。无论是城市拥堵的街道，还是偏远地区的乡间小路，精准导航服务都能为我们找到一条最合适的路线。

当你打开导航软件，输入目的地后，它会立即开始计算最优路线（如图 4–4 所示）。这个过程看似简单，实则涉及复杂的算法和数据处理。机器学习算法会根据实时的交通数据，包括路况、车流量、交通管制等信息，动态调整路线规划。比如，当某条道路发生拥堵时，它会迅速为你找到一条绕行路线，避免你陷入拥堵的困境。

图 4-4　导航软件示意图

除了实时路况信息外，精准导航服务还能为你提供丰富的沿途信息。比如，它会告诉你沿途有哪些加油站、餐厅、停车场等，让你在出行过程中更加从容不迫。此外，它还能根据你的出行偏好和需求，为你推荐适合的路线和景点。比如，如果你喜欢欣赏沿途的风景，它会为你选择一条风景优美的路线；如果你赶时间，则会为你选择一条最快捷的路线。

精准导航服务的另一个重要特点是它的智能化。它不仅能为你提供导航信息，还能根据你的行驶情况，为你提供智能化的驾驶建议。比如，当你行驶在高速公路上时，它会提醒你保持安全车距；当你接近目的地时，它会提前为你规划好停车路线。这些智能化的驾驶建议，不仅提高了我们的驾驶安全性，也让我们在出行过程中更加轻松愉悦。

当然，精准导航服务也并非万能。有时，由于数据更新不及时或信号不稳定等原因，它可能会为你提供不准确的信息。但别担心，随着技术的不断进步和完善，这些问题正在逐渐得到解决。同时，我们也可以通过及时反馈和更新数据等方式，帮助提高导航服务的准确性和可靠性。

除了为我们提供便捷的导航服务外，精准导航服务还在城市交通管理和规划方面发挥着重要作用。它可以通过收集和分析交通数据，为城市交通管理部门提供实时的交通状况信息和预测，帮助他们更好地制定交通管理策略和规划。比如，当某个区域发生交通拥堵时，交通管理部门可以通过导航服务的数据分析，找到拥堵的源头和原因，并采取相应的措施进行疏导和缓解。

4.2.2. 自动驾驶技术

如果说精准导航服务是机器学习在出行领域的初步尝试，那么自动驾驶技术则是其更深层次的应用和拓展。随着技术的不断进步和完善，自动驾驶技术正在逐渐走向成熟，并在我们的日常生活中发挥着越来越重要的作用。

自动驾驶技术是一种通过传感器、摄像头、雷达等设备感知周围环境，并通过机器学习算法进行决策和控制的技术。它能够实现车辆的自主驾驶和智能导航，减轻驾驶员的负担，提高出行的安全性和便捷性。

在自动驾驶技术的加持下，我们的出行方式正在发生深刻的变革。比如，现在越来越多的汽车配备了自动驾驶辅助功能，如自动泊车、自适应巡航控制等。这些功能通过感知周围环境并做出相应的决策和控制，帮助驾驶员更加轻松、安全地驾驶车辆。

自动泊车功能是自动驾驶技术的一个典型应用。它利用传感器和摄像头等设备感知周围环境，通过机器学习算法计算出最佳的泊车位置和路径，并自动控制车辆进行泊车。这样一来，驾驶员无需再为泊车而烦恼，只需轻轻一按按钮，就能轻松完成泊车操作。

自适应巡航控制功能则是通过感知前方车辆的距离和速度等信息，自动控制车辆的行驶速度和跟车距离。当前方车辆减速或停车时，它会相应地减速或停车；当前方车辆加速时，它则会相应地加速。这样一来，驾驶员无须再频繁地踩油门和刹车，只需保持对车辆的控制和监视即可。

除了这些辅助功能外，自动驾驶技术（如图4-5所示）还在不断探索和拓展更多的应用场景。比如，一些企业已经开始尝试在出租车、公交车等公共交通工具上应用自动驾驶技术，以提高公共交通的效率和便捷性。此外，还有一些企业正在探索自动驾驶技术在物流、快递等领域的应用，以实现货物的无人化运输和配送。

图4-5　自动驾驶示意图

当然，自动驾驶技术的发展也面临着诸多挑战和问题。比如，如何确保自动驾驶系统的安全性和可靠性？如何应对复杂的交通环境和突发情况？如何保障乘客的隐私和安全？这些问题都需要我们不断地进行研究和探索，并采取相应的措施进行解决。

尽管自动驾驶技术的发展还面临着诸多挑战和问题，但我们有理由相信，随着技术的不断进步和完善，自动驾驶技术将会在未来的出行领域发挥越来越重要的作用。它将为我们带来更加便捷、安全、舒适的出行体验，让我们的生活变得更加美好和充实。

总的来说，机器学习在出行领域的应用正在不断拓展和深化。从精准导航服务到自动驾驶技术，它正在一步步地引领我们走向更加智慧、便捷的出行新时代。让我们共同期待并拥抱这个充满无限可能的未来吧！

4.3 健康管理

随着科技的飞速发展,健康管理已经不再仅仅依赖于传统的医疗手段,而是融入了更多的智能元素。智能穿戴设备与健康数据追踪、疾病早期预警与健康建议,这些新兴的健康管理方式正在悄然改变我们的生活,让我们能够更加精准地掌握自身健康状况,预防疾病的发生。

你是否曾经有过这样的经历:运动后想要了解自己的心率、步数等健康数据,却只能依靠自己的感觉和记忆?而现在,智能穿戴设备已经将这些烦琐的过程变得简单而直观。

智能穿戴设备,如智能手表(如图4-6所示)、健康手环等,已经成为我们日常生活中不可或缺的一部分。它们通过内置的传感器,能够实时监测我们的心率、血压、血氧饱和度、睡眠质量等健康数据。这些数据会被实时记录并传输到手机或云端,供我们随时查看和分析。

图4-6 智能手表

1. 个人健康管理

智能穿戴设备的健康数据追踪功能，让我们能够更加精准地了解自己的身体状况。比如，当你感到疲劳时，你可以通过查看智能手表上的心率数据，来判断自己是否需要休息；当你想要了解自己的运动效果时，你可以通过查看手环上的步数、卡路里消耗等数据，来评估自己的运动强度和时间。

2. 提供健康数据支持

除了个人健康管理外，智能穿戴设备还可以为医疗机构提供重要的健康数据支持。当医生需要了解患者的身体状况时，可以通过查看患者智能穿戴设备上的数据，来更加准确地判断患者的病情和治疗方案。这不仅可以提高医疗效率，还可以减少医疗资源的浪费。

当然，智能穿戴设备的数据追踪功能并非万能。由于设备本身的精度、使用环境等因素的影响，数据可能会存在一定的误差。因此,在使用智能穿戴设备时,我们需要保持理性态度,将其作为一种辅助工具来使用,而不是完全依赖它来判断自己的健康状况。

3.疾病早期预警与健康建议

智能穿戴设备不仅能够实时监测我们的健康数据,还能够通过机器学习算法,对这些数据进行分析和挖掘,为我们提供疾病早期预警和健康建议。

疾病早期预警是智能穿戴设备的一项重要功能。它通过分析我们的健康数据,及时发现潜在的健康问题,并在问题变得严重之前提醒我们。比如,当你的心率持续升高、睡眠质量下降时,智能手表可能会发出预警,提示你可能存在心脏疾病的风险;当你的血压、血糖等指标出现异常时,健康手环也可能会提醒你注意控制饮食、加强锻炼等。

疾病早期预警功能不仅可以帮助我们及时发现潜在的健康问题,还可以为我们争取更多的治疗时间。因为很多疾病在初期是没有明显症状的,一旦症状出现,往往已经错过了最佳治疗时机。而智能穿戴设备的疾病早期预警功能,可以在症状出现之前提醒我们,让我们能够及时就医、及早治疗。

4.个性化健康建议

除了疾病早期预警外,智能穿戴设备还可以为我们提供个性化的健康建议。它通过分析我们的健康数据和生活习惯,为我们量身定制一套适合自己的健康计划。比如,它会根据你的运动习惯、饮食习惯等因素,为你推荐适合的运动方式和饮食搭配;它还会根据你的睡眠质量、工作压力等因素，为你提供改善睡眠、缓解压力的建议。

这些健康建议不仅可以帮助我们更好地管理自己的健康状况，还可以提高我们的生活质量。比如，通过合理的饮食和运动搭配，我们可以改善自己的身体状况、增强免疫力；通过改善睡眠和缓解压力，我们可以提高自己的工作效率和幸福感。

当然，智能穿戴设备的健康建议也并非绝对准确。因为每个人的身体状况和生活习惯都是不同的，所以即使是相同的健康数据，也可能会有不同的解读和建议。因此，在使用智能穿戴设备的健康建议时，我们需要结合自己的实际情况进行判断和选择。

随着技术的不断进步和应用场景的不断拓展，智能健康管理将会迎来更加广阔的发展前景。一方面，智能穿戴设备的精度和可靠性将会不断提高。随着传感器技术、机器学习算法的不断优化和升级，智能穿戴设备将会更加精准地监测我们的健康数据，为我们提供更加准确的疾病早期预警和健康建议。另一方面，智能健康管理将会与更多的医疗应用场景相结合。比如，通过与医疗机构的数据共享和协同合作，智能健康管理可以为我们提供更加全面、个性化的医疗服务；通过与智能家居、智能办公等场景的融合应用，智能健康管理还可以为我们提供更加便捷、舒适的健康生活方式。此外，随着人们对健康意识的不断提高和需求的不断增长，智能健康管理也将会迎来更多的市场机遇和挑战。如何更好地满足用户的个性化需求？如何保障用户的数据安全和隐私？这些都是智能健康管理在未来发展中需要面对和解决的问题。

总之,智能健康管理已经成为我们日常生活中不可或缺的一部分。它让我们能够更加精准地掌握自身健康状况、预防疾病的发生。随着技术的不断进步和应用场景的不断拓展,智能健康管理将会为我们带来更加便捷、高效、个性化的健康管理体验。让我们共同期待并拥抱这个充满无限可能的未来吧!

第五章 机器学习的展望

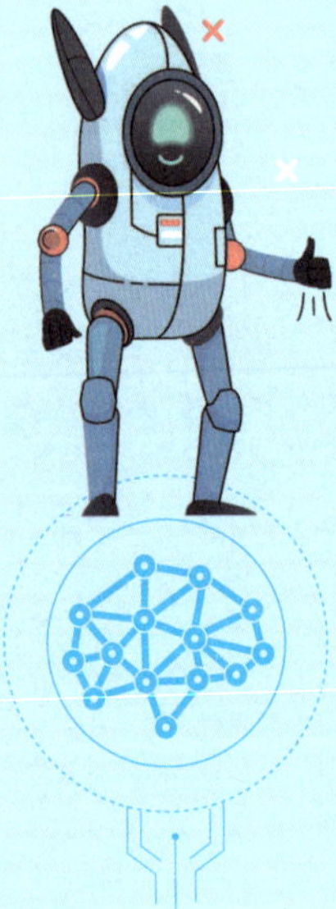

在科技的长河中，机器学习犹如一颗璀璨的明星，以其独特的光芒照亮着人类探索未知的道路。从最初的萌芽到如今的蓬勃发展，机器学习不仅重塑了我们对技术的认知，更以其深远的影响力，悄然推动着整个社会的变革。展望未来，机器学习的潜力和可能性更是令人充满期待与遐想。

当我们谈及机器学习的目标时，我们不难发现，其核心在于通过不断优化算法和模型，实现对数据的深度挖掘和高效利用。无论是提升预测的准确性，还是实现更加智能化的决策支持，机器学习都在不断追求着更高的精度和更强的泛化能力。这一目标的实现，不仅将推动技术的进一步发展，更将为人类带来前所未有的便捷和效率。而在技术变革的浪潮中，机器学习无疑扮演着举足轻重的角色。它打破了传统技术的界限，推动了数据处理、模式识别、自然语言处理等多个领域的突破。随着机器学习技术的不断成熟和普及，我们可以预见，未来的技术格局将发生翻天覆地的变化。新的应用场景将不断涌现，传统行业也将迎来前所未有的转型升级。对于产业发展而言，机器学习的未来更是充满了无限可能。在智能制造、智慧城市、金融科技等领域，机器学习将助力企业实现生产效率的飞跃提升，推动产业结构的优化升级。同时，机器学习还将为创新创业提供强大的技术支持，催生出一批批具有颠覆性创新能力的企业。可以预见，在未来的产业竞争中，掌握机器学习技术的企业将占据明显的优势地位。然而，在展望机器学习的璀璨未来时，我们也不得不正视其带来的意外和挑战。尽管机器学习在诸多领域都取得了显著的成果，但其局限性同样不容忽视。例如，数据质量对模型性能的影响、算法的不透明性导致的信任问题，以及潜在的隐私泄露风险等，都是我们在推广和应用机器学习技术时需要认真考虑和解决的问题。

机器学习的未来发展既充满了无限机遇，也伴随着诸多挑战。在未来的探索之路上，我们需要保持清醒的头脑和敏锐的洞察力，既要充分发挥机器学习的优势，推动技术和产业的快速发展；也要正视其局限性，积极寻求解决方案，确保机器学习技术的健康可持续发展。让我们携手共进，共同迎接机器学习带来的璀璨未来！（如图 5-1 所示）

图 5-1　机器学习示意图

5.1 机器学习的发展目标

在科技日新月异的今天，人工智能这一领域如同璀璨的明星，引领着技术革命的前沿。而在这背后，有一股力量尤为关键，那就是机器学习。它不仅是人工智能得以飞速发展的核心驱动力，更是连接现在与未来的神奇桥梁。

想象一下，如果机器能够像人类一样学习、思考，那会是怎样一番景象？这并非遥不可及的科幻梦想，而是机器学习正努力实现的现实目标。机器学习，简而言之，就是利用数据和算法来模仿人类的学习过程，让机器也能拥有类似的学习和思考能力。这就像给机器装上了一双智慧的眼睛，让它们能够从纷繁复杂的数据中洞察规律，进而做出判断和决策。

在围棋界，AlphaGo的横空出世无疑是对机器学习能力的一次完美展示。它不仅击败了众多顶尖棋手，更让人们看到了机器学习在复杂策略决策方面的巨大潜力。而在日常生活中，人脸识别系统、智能语音助手等应用也早已融入了我们生活的方方面面。这些看似平常的功能背后，都离不开机器学习算法的默默支撑。它们就像是无形的指挥家，协调着数据的流动与转换，让我们的生活变得更加便捷与智能。

然而，机器学习并非十全十美。尽管它在许多领域都取得了令人瞩目的成就，但我们也必须清醒地认识到它的局限性。数据是机器学习的基石，但数据的收集与处理却并非易事。由于现实世界的复杂性，我们往往无法获取到完整、准确的数据集，这就可能导致机器学习算法产生偏差或误导性的结论。此外，算法本身也可能存在缺陷或不足，尽管在某些情况下它们能够完成任务，但并不代表这些算法就是完美无缺的。

那么，面对这些挑战与机遇，机器学习的未来发展又将何去何从呢？

首先，我们需要让机器学习更加“透明”和“可解释”。现有的主流机器学习技术大多采用黑箱模型，虽然它们能够识别出数据中的模式并进行预测，但却无法解释这些模式是如何产生的。这就像是一个神秘的盒子，我们只能看到它输出的结果，却无法窥探其内部的运作机制。为了解决这个问题，未来的机器学习研究将更加注重算法的可解释性，让机器学习的决策过程更加清晰明了。这样不仅可以提高我们对机器学习结果的信任度，还可以让我们在必要时对算法进行干预和调整。

其次，降低机器学习的计算成本也是未来的一个重要方向。随着大数据时代的到来，数据量的爆炸式增长给机器学习带来了前所未有的挑战。为了处理这些海量数据，我们需要更加高效、轻量级的机器学习算法。这些算法不仅能够在保证性能的同时减少计算资源的消耗，还可以让机器学习更加普及和易用。想象一下，如果每个人都能轻松地在自己的电脑上运行机器学习算法，那么这将为科技创新带来多大的推动力啊！

当然，机器学习的未来发展还离不开与其他领域的深度融合。在金融领域，智能投资顾问已经成为越来越多投资者的选择。它们能够根据客户的风险偏好和投资目标，自动调整投资组合并给出专业的投资建议。这不仅提高了投资效率，还降低了人工成本。在医疗领域,机器学习更是发挥着不可或缺的作用。从癌症组织的识别到罕见疾病的诊断,机器学习都在为医生的决策提供有力支持。而随着远程医疗和远程保健服务的不断完善,机器学习还将进一步推动医疗资源的优化配置和医疗服务质量的提升。

在教育领域,机器学习同样有着广阔的应用前景。随着在线教育平台的兴起和远程教育的普及,机器学习可以帮助学生更加高效地学习和掌握知识。通过分析学生的学习行为和成绩数据,机器学习可以为学生提供个性化的学习建议和辅导方案。这不仅可以提高学生的学习兴趣和动力,还可以让教育更加公平和普及。

在材料开发领域,机器学习也在加速着能源存储和转换技术的进步。通过从经验数据中学习并确定特征因子与材料属性之间的关系,机器学习可以帮助研究人员更快地筛选出具有优良性能的新材料。这不仅可以缩短材料研发的周期和成本,还可以为新能源技术的发展提供有力支撑。

此外,智能交通系统也是机器学习未来发展的重要方向之一。作为下一代城市地面交通系统管理的基础,智能交通系统可以让出行者更加合理地安排自己的出行方式和路线,从而节省不必要的时间浪费并提高工作生活效率。同时,它还可以让政府服务部门及时了解和预测路况信息,对可能发生的道路拥堵和交通事故做出预判并采取相应措施。这不仅可以减轻社会负担并合理配置社会资源,还可以让城市交通更加顺畅和安全。

然而,机器学习的未来发展并非一帆风顺。随着计算机智能化的不断提升,我们也需要对智能化计算机的行为进行规范和约束。这包括制定新的法律来限制人们使用智能机器的行为以及防止智能化机器对人类造成伤害。同时,我们还需要关注机器学习算法可能带来的偏见和歧视问题,并努力消除这些不良影响。

为了推动机器学习的进一步发展,我们还需要借助其他领域的先进技术。例如,量子计算作为一种全新的计算方式,具有极高的计算速度和并行处理能力。如果将量子计算与机器学习相结合,那么我们就可以在量子计算机上实现经典机器学习算法的性能提升,从而进一步拓展机器学习的应用场景和范围。

当然,随着机器学习技术的不断成熟和普及,我们也需要关注其可能带来的伦理和社会问题。例如,如何保护个人隐私和数据安全?如何确保机器学习的决策过程公平、透明且不受偏见影响?这些问题都需要我们在推动机器学习技术发展的同时进行深入思考和探讨。

在未来的世界里,机器学习将成为连接人与机器、现实与虚拟的桥梁。我们需要以开放的心态和创新的精神去拥抱机器学习带来的变革,并努力探索其无限可能的应用前景。

在机器学习的世界里,数据是宝贵的资源,算法是智慧的钥匙。通过不断的学习和探索,我们可以让机器更加智能、更加人性化。它们将不再只是冷冰冰的工具或设备,而是能够与我们共同成长、共同进步的伙伴和朋友。在这个充满无限可能的新时代里,让我们一起携手前行,共同创造更加美好的未来!

值得一提的是,机器学习的发展也将催生出一系列新兴的职业和产业。例如,数据科学家、机器学习工程师等职业将成为未来的热门岗位。他们将负责收集、处理和分析数据,并开发和应用机器学习算法来解决实际问题。同时,随着机器学习技术的不断普及和深入应用,也将涌现出更多基于机器学习的创新产品和服务。这些产品和服务将涵盖金融、医疗、教育、交通等各个领域,并为我们带来更加便捷、高效和智能的生活体验。

在机器学习的推动下,人工智能将不再只是科幻电影中的情节或概念，而是真正成为我们生活中的一部分。它们将融入我们生活的点点滴滴，成为我们不可或缺的生活助手和伙伴。无论是智能家居、智能办公还是智能出行等领域，都将因为机器学习的加入而变得更加智能和便捷。

当然，在享受机器学习带来的便利和乐趣的同时，我们也需要保持理性和警惕。毕竟，任何技术都有其局限性和潜在风险。机器学习也不例外。因此，在推动机器学习技术发展的同时，我们也需要加强对其监管和规范的力度，确保其能够在合法、合规和安全的轨道上稳步前行。

展望未来，机器学习将继续引领人工智能技术的潮流和发展方向。它将不断突破自身的局限性和挑战，为我们带来更多惊喜和可能。在这个充满变革和创新的时代里，机器学习无疑是一个备受瞩目的焦点。它不仅推动了人工智能技术的飞速发展，还深刻改变了我们的生活方式和思维方式。通过不断的学习和探索，我们可以让机器更加智能、更加人性化，并与它们共同成长、共同进步。虽然机器学习在人工智能领域扮演着举足轻重的角色，但它并不是孤立的存在。在人工智能的大家庭中，还有许多其他重要的技术和领域与之相辅相成、共同发展。例如，自然语言处理、计算机视觉、机器人技术等都是人工智能领域的重要组成部分。它们与机器学习相互交织、相互促进，共同推动着人工智能技术的不断发展和进步。因此，在关注机器学习发展的同时，我们也需要关注这些相关领域的研究和应用进展，以更加全面和深入地了解人工智能技术的全貌和未来发展趋势。

5.2 机器学习对技术的变革

在人工智能的世界里，有一颗璀璨夺目的明星——机器学习。机器学习，这一术语听起来既神秘又充满力量，仿佛它拥有某种魔法，能让机器从数据中汲取智慧，进而改变我们的世界。事实上，机器学习确实是人工智能发展到一定阶段的必然产物，它与人工智能的发展历史紧密相连，共同编织出一幅波澜壮阔的技术变革画卷。

5.2.1 推理时代：智慧的初步探索

让我们将时间的指针拨回到20世纪50年代至70年代，那是一个以"推理"为核心的人工智能时代。在那个时代，人们怀揣着对智能的朴素向往，认为只要赋予机器逻辑推理的能力，它们就能拥有智能。这一想法听起来既简单又直接，却激发了无数科学家的创造力。

艾伦·纽厄尔和赫伯特·西蒙，这两位人工智能领域的先驱，他们的"逻辑理论家"程序在当时引起了轰动。这个程序不仅能够理解并应用逻辑推理规则，还在1952年成功证明了著名数学家罗素和怀特海名著《数学原理》中的38条定理。到了1963年，它更是证明了全部的52条定理，其中一些定理的证明甚至比原著更为巧妙。这一成就不仅展示了逻辑推理的力量，也预示着人工智能领域的巨大潜力。

然而，随着研究的深入，科学家们逐渐意识到，仅仅依靠逻辑推理能力是远远不够的。机器虽然能够按照预设的规则进行推理,但它们缺乏真正的理解和创造力。于是,人们开始思考,如何让机器拥有知识,从而更接近人类的智能水平。

5.2.2 知识时代:智慧的积累与传承

时间的车轮滚滚向前,我们迎来了以“知识”为核心的人工智能时代——20世纪70年代至80年代。在这个时代,大量专家系统应运而生,它们将人类专家的知识和经验编码成计算机程序,从而在特定领域内展现出惊人的能力。

E.A.费根鲍姆,被誉为“知识工程之父”,他和他的团队开发了一系列专家系统,这些系统能够在医疗诊断、化学分析等领域提供专业的建议和支持。这些系统的出现,不仅大大提高了工作效率,还让人们看到了人工智能在解决实际问题中的巨大潜力。

然而,专家系统也面临着巨大的挑战。知识工程瓶颈成为制约专家系统发展的关键因素。将人类的知识和经验准确地编码成计算机程序是一项极其复杂而艰巨的任务。这不仅需要深厚的专业知识,还需要对计算机编程有深入的理解。因此,人们开始思考,是否有一种方法能够让机器自己学习知识,从而摆脱对人类编码的依赖。

5.2.3 学习时代:智慧的自我进化

正当人们为专家系统的知识工程瓶颈而苦恼时,机器学习如同一股清新的春风,吹进了人工智能的领域。从20世纪80年代开始,机器学习逐渐成了一个独立的学科领域,并迅速崛起。各种机器学习技术如雨后春笋般涌现,为人工智能的发展注入了新的活力。

事实上，机器学习的思想可以追溯到更早的时期。图灵在1950年提出图灵测试时，就已经提到了机器学习的可能性。而在20世纪50年代，已经有科学家开始研究基于神经网络的联结主义学习。F.罗森布拉特的感知机、B.威德罗的Adaline等早期工作，为机器学习的发展奠定了基础。

感知机是一种简单的神经网络模型，它能够通过调整权重来学习输入数据与输出标签之间的关系。F.罗森布拉特用感知机算法对感知机进行训练，首次用算法精确定义了自组织、自学习的神经网络数学模型。这一成果不仅开启了神经网络研究的第一次兴起，也为后续的机器学习技术提供了重要的启示。

而亚瑟·塞缪尔设计的一个具有学习能力的跳棋程序，更是让人们看到了机器学习的巨大潜力。这个程序通过不断与自己对弈来学习棋局中的策略和技巧，最终战胜了美国保持8年不败的跳棋冠军。这一成就不仅展示了机器学习的能力，也激发了人们对机器学习技术的浓厚兴趣。

随着机器学习技术的不断发展，越来越多的算法和模型被提出。布赖曼的分类回归树（CART算法）是一种基于决策树的分类和回归方法，它能够处理复杂的非线性关系。罗斯·昆兰提出的ID3算法则是一种基于信息增益的决策树生成方法，它能够根据数据集的特征选择最优的分裂点。而弗罗因德和沙皮尔提出的Adaboost算法则是一种基于集成学习的提升方法，它能够通过组合多个弱分类器来构建一个强分类器。

这些算法和模型的出现，不仅丰富了机器学习的工具箱，也为解决各种实际问题提供了有力的支持。从图像识别到语音识别，从自然语言处理到推荐系统，机器学习技术正在各个领域发挥着越来越重要的作用。

5.2.4 机器学习的力量:技术变革的浪潮

如今,机器学习已经成为人工智能领域中最炙手可热的技术之一。它不仅在学术界引起了广泛的关注和研究,也在工业界得到了广泛的应用和推广。从智能手机到智能家居,从自动驾驶汽车到智能医疗,机器学习技术正在悄然改变着我们的生活。

在图像处理领域,机器学习技术让计算机能够识别和理解图像中的信息。无论是人脸识别、物体检测还是场景理解,机器学习算法都能够通过训练和学习来提高识别的准确性和效率。这使得图像处理技术在安防监控、医学影像分析等领域发挥着越来越重要的作用。

在语音识别领域,机器学习技术让计算机能够听懂人类的语言。无论是智能手机上的语音助手还是智能家居中的语音控制,机器学习算法都能够通过分析和处理语音信号来实现自然语言的理解和交流。这使得语音识别技术在人机交互、智能客服等领域具有广泛的应用前景。

在自然语言处理领域,机器学习技术让计算机能够理解和生成自然语言文本。无论是文本分类、情感分析还是机器翻译,机器学习算法都能够通过训练和学习来提高处理的准确性和流畅性。这使得自然语言处理技术在信息检索、智能写作等领域发挥着越来越重要的作用。

在推荐系统领域,机器学习技术能够根据用户的兴趣和行为来推荐他们可能感兴趣的内容或产品。无论是电商平台上的商品推荐还是社交媒体上的内容推荐,机器学习算法都能够通过分析用户的历史数据和行为模式来提供个性化的推荐服务。这使得推荐系统在提高用户体验、促进销售等方面具有巨大的商业价值。

除了以上领域外，机器学习技术还在金融风控、智能制造、智慧城市等领域发挥着重要作用。它不仅提高了生产效率和服务质量，还为人们带来了更加便捷、智能的生活方式。

5.2.5 展望未来：机器学习的无限可能

尽管机器学习已经取得了巨大的成就和广泛的应用，但它的发展道路仍然充满了挑战和机遇。随着大数据时代的到来和计算能力的不断提升，机器学习技术将迎来更加广阔的发展空间和更加深入的应用场景。

一方面，我们需要不断探索新的算法和模型来提高机器学习的性能和准确性。例如，深度学习作为一种新兴的机器学习技术，已经在图像识别、语音识别等领域取得了显著的成果。未来，我们可以继续深入研究深度学习的原理和方法，将其应用于更多的领域和问题中。

另一方面，我们也需要关注机器学习技术的伦理和社会影响。随着机器学习技术的广泛应用，它可能会带来一些潜在的伦理问题和社会风险。例如，数据隐私保护、算法偏见等问题都需要我们认真对待和解决。因此，我们需要在推动机器学习技术发展的同时，加强对其伦理和社会影响的评估和管理。

此外，我们还需要加强跨学科的合作和交流，推动机器学习技术与其他领域的深度融合和创新。例如，将机器学习技术与生物医学、环境科学等领域相结合，可以推动这些领域的创新和发展；将机器学习技术与教育、艺术等领域相结合，则可以为人们提供更加个性化、智能化的学习和娱乐体验。

总之，机器学习作为人工智能领域中的重要分支，正引领着一场技术变革的浪潮。它不仅改变了我们的生活方式和工作方式，还为未来的科技发展提供了无限的可能性。让我们携手共进，共同探索机器学习的奥秘和力量吧！

在结束这一节之前，让我们再回顾一下机器学习的历史和发展。从推理时代到知识时代，再到学习时代，机器学习经历了从简单到复杂、从依赖人类编码到自我学习的转变。这一转变不仅体现了人工智能技术的不断进步和创新，也展示了人类对智能和知识的不断探索和追求。

在未来的日子里，我们可以期待机器学习技术在更多领域发挥重要作用。无论是科学研究还是工业生产，无论是社会服务还是个人生活，机器学习都将成为我们不可或缺的重要工具。它将帮助我们更好地理解和处理复杂的数据和信息，提高我们的工作效率和生活质量。同时，它也将激发我们对未知世界的探索欲望和创新精神，推动人类社会的不断发展和进步。

当然，我们也应该清醒地认识到，机器学习技术并非万能。它虽然能够处理和分析大量的数据和信息，但仍然受到数据质量、算法偏见等因素的限制。因此，在使用机器学习技术时，我们需要保持谨慎和理性的态度，避免过度依赖和盲目追求技术效果。同时，我们也需要加强对其伦理和社会影响的关注和评估，确保技术的健康发展和社会的和谐稳定。

5.3 机器学习对产业发展的促进

5.3.1 机器学习促进医疗飞速发展

在科技日新月异的今天,AI与医疗的结合如同一股强劲的东风,吹拂着整个医疗行业的面庞,让这片古老的领域焕发出了前所未有的生机与活力。AI+医疗,这一新兴的概念不仅吸引了无数科技巨头的目光,更成了市场上的一颗璀璨明珠,引领着医疗行业的未来发展方向。

医疗人工智能的崛起并非偶然。在医疗资源严重短缺、分布失衡的大背景下,人工智能如同一剂强心针,为医疗行业注入了新的活力。在我国,培养一名优秀的医疗人才需要漫长的时间和巨大的成本,这导致了优质医生资源的极度匮乏。而放眼全球,许多国家也同样面临着内科医生短缺的严峻挑战。未来十年内,美国将有6万至9万名内科医生的缺口难以填补,而老龄化问题严重的瑞士、日本等国家,同样面临着医疗资源供给不足的困境。

在这样的背景下,人工智能的介入显得尤为迫切和必要。作为人工智能的核心技术之一,机器学习的发展无疑将为医学的进步插上翅膀。它不仅能够提高医疗服务的效率和质量,更能够在一定程度上缓解医疗资源短缺的问题,让更多的人享受到优质的医疗服务。

1.利用机器学习技术进行医学诊断

目前，机器学习在医疗领域的应用已经初露锋芒。其中，最为常见的就是利用机器学习技术进行医学诊断。传统的医学诊断依赖于医生的经验和知识，但受限于医生的个人能力和经验水平，诊断结果往往存在一定的主观性和不确定性。而机器学习算法则能够从大量的医学检测报告中学习并提取出有用的信息，与专家的诊断相结合，为医学专家提供更为准确、可靠的预测和诊断结果。

以计算机辅助诊断（CAD）为例，它已经成为机器学习在医学诊断领域的重要应用之一。CAD系统能够利用机器学习算法对医学影像进行分析和处理，从而辅助医生进行疾病的早期发现和诊断。通过CAD系统的帮助，医生可以更加准确地识别出病灶的位置、大小和形态等信息，为制定有效的治疗方案提供有力的支持。

2.癌症

除了医学诊断之外，机器学习在癌症研究中也展现出了巨大的潜力。癌症作为一种严重的疾病，对人类的健康和生命构成了极大的威胁。而机器学习算法则能够从海量的癌症数据中挖掘出有用的信息，为癌症的分类、预测和治疗提供新的思路和方法。例如，通过机器学习算法对癌症患者的基因数据进行分析，可以发现与癌症发生和发展相关的基因变异和信号通路，从而为制定个性化的治疗方案提供有力的依据。

3.药物化学

机器学习算法还能够从海量的病症数据中挖掘出有用的信息，为病症的分类、预测和治疗提供新的思路和方法，甚至开发出治疗病症的新药。

4.脑研究

脑研究是另一个机器学习大显身手的领域。大脑作为人体最为复杂的器官之一,其结构和功能的研究一直是科学家们关注的焦点。而机器学习算法则能够从海量的脑成像数据中提取出有用的信息,为大脑的研究提供新的视角和方法。例如,利用机器学习技术对功能磁共振成像图像进行分析,可以揭示出与谎言和真相相关的大脑活动的空间模式;通过结合常规和磁共振灌注的计算机辅助分类方法,可以对脑瘤的类型和分级进行鉴别诊断;而利用支持向量机(SVM)对头皮脑电图进行分析,则可以构建特定于患者的分类器来检测癫痫发作。

5.医学影像

医学影像作为医疗领域的重要组成部分,同样受益于机器学习的发展。传统的医学影像分析依赖于医生的肉眼观察和经验判断,但受限于医生的个人能力和经验水平,分析结果往往存在一定的误差和不确定性。而机器学习算法则能够对医学影像进行自动分析和处理,从而提供更加准确、客观的分析结果。例如,在放射科领域,机器学习算法可以对放射照相术、计算机断层扫描(CT)、磁共振成像(MRI)、正电子发射断层扫描(PET)等医学影像进行自动识别和分类,帮助放射科医生快速准确地诊断出患者的疾病类型和程度(如图5-2所示)。机器学习在医学诊断中的应用已经取得了显著的成果。通过利用机器学习算法对医学影像进行分析和处理,医生可以更加准确地识别出病灶的位置、大小和形态等信息,为制定有效的治疗方案提供有力的支持。同时,机器学习算法还可以对医学影像进行自动分类和标注,帮助医生快速筛选出需要重点关注的影像区域,提高诊断的效率和准确性。

图5-2 机器学习用于医学诊断

随着机器学习技术的不断发展和完善，它在医疗领域的应用前景将更加广阔。未来，我们可以期待机器学习在以下几个方面发挥更大的作用。

首先，在个性化医疗方面，机器学习算法可以根据患者的基因数据、病史和临床表现等信息，为患者提供个性化的治疗方案和健康管理建议。这将有助于提高患者的治疗效果和生活质量，同时也能够降低医疗成本和社会负担。其次，在远程医疗方面，机器学习算法可以通过对医学影像和生理参数进行自动分析和处理，为远程医疗提供有力的支持。这将使得患者可以在家中接受专业的医疗服务，无须前往医院或诊所就诊，从而节省了时间和精力。同时，远程医疗还能够缓解医疗资源短缺的问题。最后，在疾病预防和预测方面，机器学习算法可以通过对海量数据进行挖掘和分析，发现与疾病发生和发展相关的风险因素和预警信号。这将有助于提前采取干预措施，预防疾病的发生和发展，从而保障人类的健康和生命安全。

总之，机器学习作为人工智能的核心技术之一，在医疗领域的应用已经取得了显著的成果。未来，随着技术的不断发展和完善，我们可以期待机器学习在医疗领域发挥更大的作用，为人类的健康和生命安全保驾护航。同时，我们也应该认识到，机器学习并非万能的，它仍然需要与人类的智慧和经验相结合，才能够发挥出最大的价值。因此，在推动机器学习在医疗领域的应用过程中，我们需要保持谨慎和理性的态度，不断探索和创新，为医疗行业的发展注入新的活力和动力。

5.3.2 机器学习改变未来教育

在这个日新月异的数字化时代，教育的面貌正在悄然改变。其中，机器学习作为一股强大的技术力量，正在深刻影响着教育的各个层面。从评分、评估到职业规划，机器学习正在为我们描绘一幅全新的教育蓝图。

1. 评分和评估工作中的机器辅助

首先，让我们谈谈评分和评估工作中的机器辅助。在以前，老师们需要花费大量的时间和精力来批改学生的论文，而面对海量的作业，老师们难免会感到力不从心。而现在，有了机器辅助和人工智能的帮助，这一难题得到了有效的缓解。通过将学生们的论文与数据库进行比较，这些先进的技术能够迅速识别出是否存在抄袭行为，甚至还能比较学生与特定论文的写作风格，从而评估论文的真实性。这不仅能够确保学术的公正性，还能让老师们有更多的时间去关注学生的个性化发展。

抄袭检测软件已经成了许多老师的得力助手。这些软件不仅能够给出一个预估的成绩，还能为老师们提供一个与学生讨论写作中潜在问题的平台。在这样的平台上,老师们可以更加精准地指出学生的不足之处,而学生也能在老师的指导下不断进步。可以说,机器辅助在评分和评估工作中发挥了越来越重要的作用。

2.评价和预测学生成绩

接下来,我们来看看机器学习在评价和预测学生成绩方面的应用。在过去,老师们只能根据学生的平时表现和期末考试成绩来评价一个学生的学习成果。而现在,一些先进的学习管理系统已经能够根据学生过去的表现和班级平均作业成绩来预测学生的成绩。这些系统通过收集和分析学生的大量数据,能够发现学生的学习规律和潜在问题,从而为老师们提供更加准确的评价依据。

更令人兴奋的是,这些网络跟踪程序正在不断发展壮大。它们不仅能够预测学生的成绩,还能预测出学生在作业中可能遇到的困难,并提前为学生提供所需的学习资源。这样的个性化学习体验,无疑将极大地提高学生的学习效率和成绩。在这个大胆预测分数的新世界里,数据成了王道。只要我们能够充分利用这些数据,就能够为每个学生量身定制一个最适合他们的学习方案。(如图5-3所示)

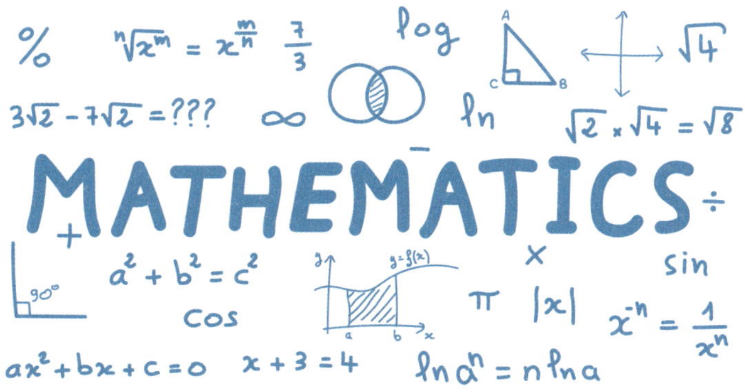

图5-3　机器学习评价学习情况示意图

3.机器批改作业

当然,说到评分和预测,我们不得不提到机器批改作业这一话题。对于多项选择题的机器评分,大家可能已经习以为常了。那种需要2B铅笔填写的老式扫描泡泡纸,也早已成为了我们记忆中的一部分。然而,你是否想过,在不久的将来,机器将能够给学生的试卷进行全面评分呢?

这并不是天方夜谭。事实上,目前已经有一些计算机程序被用于为一些标准化的试卷打分。这些程序通过分析和比对标准答案和学生的答案,能够给出一个相对准确的分数。而随着技术的不断进步,这些程序将很快能够应用于内容更多、更复杂的试卷。想象一下,当机器能够"审阅"学生所写的段落,并评估其是否符合要求时,我们的教育将会发生怎样的变革呢?

当然,机器批改作业也存在一定的风险。毕竟,机器无法像人类一样识别写作风格和语言连贯性。有些学生可能会利用这一点,通过堆砌关键词和不相关的语句来蒙混过关。但是,如果我们能够对机器得分进行审校和修正,这个问题就可以得到一定的解决。比如,我们可以设置一些人工审核的环节,让老师们对机器批改的试卷进行抽查和复核。这样既能保证批改的准确性,又能提高批改的效率。

4.对未来职业的预测和规划

除了评分和评估工作外,机器学习还在职业规划方面发挥着重要作用。在过去,很多年轻人都会通过纸质的职业能力测试来了解自己的职业倾向和优势。然而,这种测试往往存在一定的局限性,因为它只能根据有限的信息来给出建议。而现在,随着大数据时代的到来,我们拥有了更加广泛和深入的信息来对职业选择提供建议。

机器学习正是利用这些大数据来为我们制定职业规划的。它可以输入一系列数据，包括成绩、写作文本、职业能力测试结果等，然后进行全面分析和处理。通过这些数据，机器学习能够了解每个人的生活环境、优势、劣势以及目标，从而为每个人制定一个个性化的职业规划。这样的职业规划不仅更加符合个人的实际情况，还能帮助个人更好地实现职业发展和成长。

当然，机器学习在教育领域的应用还远远不止这些。随着技术的不断进步和创新，我们将会看到更多令人惊叹的应用场景和解决方案。比如，有些学校已经开始利用机器学习来优化课程设置和教学计划。他们通过分析学生的学习数据和反馈意见，能够发现哪些课程更受欢迎、哪些课程需要改进，从而制定出更加科学合理的教学计划。这样的教学计划不仅能够提高学生的学习兴趣和积极性，还能帮助学校更好地实现教育目标。

另外，机器学习还可以用于提高教育的公平性和包容性。在过去，由于教育资源的不均衡分配，很多地区的学生无法享受到优质的教育资源。而现在，通过机器学习技术的应用，我们可以将优质的教育资源数字化、网络化，让更多的人能够享受到这些资源。同时，机器学习还可以根据每个学生的特点和需求来提供个性化的学习支持和辅导。这样不仅能够帮助学生更好地掌握知识和技能，还能激发他们的学习潜力和创造力。

在未来的几年里，我们可以预期当前的趋势将继续加速发展。机器学习将在塑造未来学生的教育中扮演越来越重要的角色。它不仅会改变我们的教学方式和学习方式，还会改变我们对教育的理解和认知。在这样的背景下，我们需要不断地学习和探索新的技术和方法，以适应这个不断变化的世界。对于教育工作者来说，他们需要不断地更新自己的知识和技能，了解最新的教育技术和趋势。只有这样，他们才能更好地应对教育变革带来的挑战和机遇。同时，他们还需要关注学生的个性化需求和发展方向，为他们提供更加精准和有效的教育支持。对于学生来说，他们也需要积极地适应这种变化。他们需要学会利用先进的技术和工具来提高自己的学习效率和质量。同时，他们还需要培养自己的创新思维和解决问题的能力，以应对未来社会的挑战和竞争。此外，政府和社会各界也需要加强对教育的投入和支持。他们需要为教育提供更多的资源和资金保障，推动教育的公平性和包容性发展。同时，他们还需要加强对教育技术和创新的研究和推广，为教育的未来发展提供更多的动力和支持。

总之，机器学习正在深刻改变着我们的教育。它为我们提供了更加精准、高效和个性化的教育方式和学习体验。在未来的日子里，我们将继续见证这一变革所带来的奇迹和成果。让我们携手共进，共同迎接这个充满希望和机遇的新时代吧！

5.3.3 机器学习促进农业的发展

清晨六点，当第一缕阳光掠过稻田，一场无声的革命正在发生。无人机蜂群掠过翠绿的稻浪，它们不是简单的飞行工具，而是搭载着机器学习大脑的“农田巡逻兵”。这些智能设备正在改写延续千年的农耕逻辑，让黄土大地绽放出赛博格式的生机。让我们蹲下来，看看这些“数字农夫”如何耕耘未来。

1.作物监测

传统农人弯腰拔起一株麦苗，细看叶尖的枯黄，这是农耕文明的原始诊断学。如今，多光谱摄像头组成的“植物CT”正在上岗。这些挂载在田间的电子眼能捕捉普通人眼不可见的红外波段，通过叶片反射光谱的细微差异，预判作物是否“发烧”。就像经验丰富的老中医，机器学习模型能识别出缺氮导致的叶片发黄与病虫害引发的枯斑之间的区别。

在江苏盐城的智慧农场，传感器织就的监测网覆盖每寸土地。土壤湿度传感器像敏锐的侦探，能感知地下20厘米处的微妙变化；气象站则化身天气预报员，将实时数据传输给决策模型。当系统发现某块稻田的湿度异常，它会立即通知灌溉系统启动，就像给发烧的病人贴上退热贴。

更神奇的是“作物压力预警系统”。通过分析茎秆微振动频率，AI能判断植物是否正在遭受干旱胁迫。就像听懂婴儿的啼哭，这种“植物语言翻译器”让农人能在肉眼可见的萎蔫出现前采取行动。

2.病虫害预测

机器学习模型能像气象学家预测台风路径般，提前两周画出病虫害扩散轨迹。某农业科技公司开发的“虫脸识别”系统堪称昆虫界的人脸识别专家。它能精确区分蚜虫、白粉虱等20余种害虫，准确率超过95%。更厉害的是，通过分析害虫繁殖周期与环境因子的关联，AI甚至能预测虫灾暴发的具体地块，就像知道哪条街道容易堵车。

在云南的玫瑰种植基地，AI病虫害预警系统每年能挽回上百万损失。当系统监测到湿度与温度达到白粉病暴发临界值，自动触发硫黄熏蒸装置。这种“防患于未然”的智慧，让娇嫩的玫瑰花瓣免于红斑困扰。

3.资源优化

传统灌溉如同粗放式喂养，而AI正在打造“植物营养餐”。在新疆棉田，智能灌溉系统像精明的管家，根据土壤含水量、作物需水量和天气预报动态调整灌溉方案。它不断对比实际用水量与理论值，就像会计核对账目，找出节水空间。实验数据显示，这种系统能使水资源利用率提升约40%。

施肥也进入了“定制化”时代。在山东寿光，AI驱动的温室集群能实时计算每株番茄的光合作用效率，通过调节LED光谱配方和二氧化碳浓度，让果实糖分积累速度提升约30%。这种“植物健身餐”让作物在最佳状态下生长。能源利用同样充满科技智慧。荷兰的智能温室会根据日照强度自动调节遮阳幕布开合，配合地源热泵系统，使能源消耗降低约40%。这就像给温室装上智能恒温器，让植物生长环境始终保持在舒适区。

4.育种革命

传统育种是场漫长的马拉松，而AI让这场赛跑变成百米冲刺。孟山都公司利用机器学习技术开发的抗旱玉米，在非洲干旱地区的产量比普通品种高出约50%。这背后是算法对20万组基因数据的深度挖掘，就像在海量的基因拼图里找到最优解。在草莓育种领域，AI正在创造“味觉奇迹”。通过分析消费者偏好数据与果实性状关联，算法能预测哪种酸甜比例最受欢迎。日本的研究人员甚至开发出“风味预测模型”，能在果实成熟前预判其糖度，就像提前品尝未来的美味。

这场育种革命不仅加速品种迭代，更在重塑生物多样性。通过分析古老作物品种的基因图谱，AI能帮助科学家复活那些被遗忘的优质性状，让农业遗产焕发新生。

5. 农业机械

当播种机装上"电子脑"，它就不再是简单的农具。在北美大平原，搭载计算机视觉的播种机能自动识别土壤差异，在贫瘠地块自动加密播种。就像知道哪里需要多施肥的聪明园丁，让每粒种子都落在最适宜的位置。

收割机也变身"果实侦探"。通过图像识别技术，它能实时计算作物成熟度，像外科手术般精准切割。在加州杏仁农场，AI收割机使采收效率提升约50%，破损率却降至3%以下。

更神奇的是"农机编队作战"。由5台AI农机组成的团队，能24小时不间断完成播种、施肥、除草全流程。其协同作业精度达到厘米级，展现出超越人类操作的机械美学。

6. 生态重构

当机器学习精确匹配供需，农业生态正在发生质变。过量施肥造成的面源污染减少约60%，因为算法能精准计算每寸土地的需求。在太湖流域，智能施肥系统使水体富营养化程度降低约45%，濒危的银鱼种群重现生机。

物流优化也在创造绿色奇迹。通过预测模型优化运输路线，生鲜损耗率从30%降至5%。在粤港澳大湾区，AI驱动的冷链系统让荔枝保鲜期延长一倍，果农收入增加约40%。这种少投入、多产出的"魔法"，正在改写农业经济学的底层逻辑。当资源利用效率提升，农业从"粗犷扩张"转向"精耕细作"，就像给地球装上绿色心脏，让生命支持系统更健康地跳动。

站在智能时代的田埂上，我们看见的不是机器取代人类的末日图景，而是人机协作的新农业文明。当算法能预测每一场风雨，当机械能感知每株作物的需求，农民将从繁重的劳作中解放出来，成为指挥这场农业交响乐的乐手。这不仅是生产方式的变革，更是人类与自然对话方式的进化——在数据的土壤里，我们正培育着农业文明的下一个春天。

总的来说，机器学习在未来农业的发展中将扮演着越来越重要的角色。它不仅可以提高农业生产的管理效率和质量水平，还可以为农业生产提供更加精准、专业的决策支持。但是，我们也必须清醒地认识到，机器学习在农业中的应用还面临着很多挑战和问题。我们需要不断地加强技术研发和应用实践，让技术真正服务于农业，为农业生产创造更多的价值。（如图5-4所示）

图5-4　机器学习应用于农业

5.3.4 机器学习促进交通的发展

在都市的脉络中，交通如同流淌的血液，滋养着城市的每一个角落。然而，随着时代的飞速发展，交通拥堵和交通事故成了许多大城市难以回避的痛点。幸运的是，科技的进步为我们带来了希望的曙光，尤其是机器学习算法，它在交通领域的广泛应用，正悄然改变着我们的出行体验，为现代城市的交通管理插上了智慧的翅膀。

1. 智能交通系统：未来已来，触手可及

当我们谈论未来交通，智能交通系统（简称ITS）无疑是一个绕不开的话题。它如同一座桥梁，连接着当下与未来，引领着城市交通管理的革新。智能交通系统不仅仅是技术的堆砌，更是人、车、路之间和谐共生的智慧结晶。它巧妙地融合了信息技术、数据通信技术、传感器技术、电子控制技术以及计算机技术等诸多前沿科技，将这些高科技元素编织成一张覆盖整个城市交通的智能网络。

在智能交通系统的加持下，城市交通仿佛拥有了一颗智慧的大脑。它能够实时感知交通状况，精准预测交通流量，从而作出科学合理的调度决策。无论是优化信号灯控制，还是引导车辆合理分流，智能交通系统都能游刃有余地应对。这样一来，交通拥堵现象得到了有效缓解，路网通过能力显著提升，我们的出行变得更加顺畅高效。

不仅如此，智能交通系统还是一位尽职尽责的“安全卫士”。它通过实时监测和分析交通数据，能够及时发现潜在的安全隐患，预防交通事故的发生。即便不幸遭遇事故，智能交通系统也能迅速启动应急响应机制，为救援人员提供准确的事故位置信息，最大限度

地减少人员伤亡和财产损失。

2.机器学习:交通领域的智慧密码

在智能交通系统的背后,机器学习算法扮演着至关重要的角色。它就像一把钥匙,解锁了交通数据的无限潜力,让城市交通管理变得更加智能化、精准化。机器学习算法能够从海量的交通数据中挖掘出隐藏的规律和模式,为交通决策提供有力的数据支持。

以交通流量预测为例,机器学习算法能够综合考虑历史交通数据、天气状况、节假日因素等多种变量,建立精准的预测模型。这样一来,交通管理部门就能提前预知交通流量的变化趋势,从而采取有效的疏导措施,避免交通拥堵的发生。这种基于数据的预测能力,让城市交通管理变得更加主动和高效。

在交通安全方面,机器学习算法同样发挥着不可替代的作用。它能够通过分析交通事故数据,识别出事故发生的高风险区域和高风险时段,为交通管理部门提供有针对性的安全防范措施。此外,机器学习算法还能结合车辆行驶轨迹、驾驶员行为等数据,对潜在的危险驾驶行为进行预警和干预,从而降低交通事故的发生率。

3.智慧交通:让城市生活更美好

随着机器学习算法在交通领域的深入应用,智慧交通的概念逐渐深入人心。智慧交通不仅仅意味着交通管理的智能化和精准化,更代表着城市交通的可持续发展和人文关怀。

在智慧交通的推动下,城市交通拥堵问题得到了有效缓解。人们不再为堵车而烦恼,出行效率大幅提升。同时,智慧交通还促进了节能减排和环境保护。通过优化交通流量和减少无效行驶,智慧交通有效降低了能源消耗和尾气排放,为保护城市环境做出了贡献。

此外,智慧交通还带来了更加便捷、舒适的出行体验。乘客可以通过手机APP实时查询公交、地铁等公共交通工具的到站信息,合理安排出行时间。而自动驾驶技术的逐步成熟,更是让我们距离“无人驾驶”的梦想越来越近。未来,或许我们只需轻轻一按,就能享受到安全、便捷的自动驾驶服务。

当然,智慧交通的发展也离不开社会各界的共同努力。政府需要加大对智慧交通的投入和支持力度,推动相关政策的落地实施。企业需要加强技术创新和产品研发,为智慧交通提供更加先进、可靠的技术解决方案。而广大市民也需要积极参与到智慧交通的建设和使用过程中来,共同营造安全、有序、绿色的城市交通环境。

总之,机器学习算法在交通领域的应用为城市交通管理带来了革命性的变化。它不仅提高了交通效率、保障了交通安全,还促进了城市的可持续发展和人文关怀。在未来的日子里,随着技术的不断进步和创新应用的不断涌现,智慧交通将为我们带来更加美好的城市生活体验。

5.3.5 机器学习促进生活方式的改进

在科技日新月异的今天,机器学习正悄然改变着我们的生活方式,特别是在康养领域,它如同一股清新的春风,为我们的健康与福祉带来了前所未有的便利与可能。从移动健康保健到紧急医疗服务,从电子健康档案到药品配送,再到健康追踪器和可穿戴设备,机器学习技术正在编织一张覆盖我们生活方方面面的智慧康养网络。

1.移动健康保健

在快节奏的现代生活中,移动健康保健应用程序如同一座桥梁,连接着患者与医疗服务提供者,让医疗服务触手可及。无论是药物递送还是远程医疗咨询,这些应用程序都旨在加快医疗服务的速度,让患者在需要时能够迅速获得帮助。这一细分市场的快速发展,离不开移动技术的革新与进步。通过智能手机或平板电脑,患者可以随时随地访问自己的健康信息,与医生进行视频通话,甚至预约上门服务。这种便捷性不仅提高了医疗服务的效率,也极大地提升了患者的就医体验。

2. 紧急医疗服务

在紧急医疗服务(EMS)领域,机器学习技术同样发挥着重要作用。在传统的医疗机构工作流程中,文书工作繁重且耗时,往往成为救援效率的瓶颈。而今,随着数据收集和存储的数字化,实时数据访问已成为可能。这不仅有助于创建即时报告,实现无延迟的性能反馈,还能在紧急情况下迅速提供关键信息,为救援人员争取宝贵的时间。通过机器学习算法对大量历史数据的分析,EMS系统能够预测潜在的紧急情况,提前部署资源,从而更有效地应对突发状况。

3. 电子健康档案

电子健康档案(EHR)的普及,无疑是医疗领域的一大革命。它将患者的医疗信息从纸质文档转化为数字形式,不仅节省了医生的时间和精力,更为患者提供了更加便捷、全面的健康管理服务。EHR不仅能够在医院内部实现信息共享,还能与健康移动应用程序和药品交付应用程序无缝集成,即使在医院之外,患者的数据也能被安全、准确地记录和分析。这一切都得益于健康保险流通与责任法案(HIPPA)的严格控制,该法案致力于通过数字技术保障患者的电子数据隐私，让患者在享受便捷服务的同时，也能安心地保护自己的隐私。

4.药品配送

在数字医疗系统的助力下，药品配送服务变得更加高效、贴心。这些应用程序不仅仅是简单的配送工具，它们还能保存患者的病史、电子处方、在线支付账单等关键信息。通过机器学习算法的分析，药品配送系统能够预测患者的用药需求，提前准备药品，确保患者在需要时能够迅速获得所需药物。这种智能化的服务，不仅提高了用药的及时性，还降低了因忘记服药或药物短缺而导致的健康风险。

5.健康追踪器和可穿戴设备

健康追踪器和可穿戴设备，如今已成为许多人日常生活中不可或缺的一部分。这些小巧的设备，不仅能够实时监测我们的心率、血压、睡眠质量等生理指标，还能通过算法分析，为我们提供个性化的健康建议。美国食品药品监督管理局(FDA)批准的健康追踪器，更是将数据的准确性和可靠性提升到了一个新的高度。它们能够生成实时数据，通过机器学习算法对单一变化进行修复，并发出可能的危险警告，让我们在享受科技便利的同时，也能及时发现并应对潜在的健康风险。

大众市场的可穿戴设备，如智能手表、健康手环等，更是成了我们跟踪个人健康状况的好帮手。它们与移动应用程序紧密配合，收集到的数据被实时传输到后端服务器，经过分析处理后，生成详细的健康报告，帮助我们更好地了解自己的身体状况，及时调整生活习惯，提升生活质量。

6. 物联网与人工智能

智能医疗保健的快速发展，离不开物联网（IoT）和人工智能（AI）技术的双重推动。可穿戴设备、智能手表、健康设备和健身追踪器等物联网设备，为我们提供了持续的数据收集服务，并与移动应用程序实现同步，让数据流动起来，成为我们健康管理的得力助手。而机器学习作为人工智能的一个分支，更是将这些数据转化为有价值的信息，为医生提供了更加精准、全面的患者画像，帮助他们做出更加科学的诊断和治疗决策。

如今，通过机器学习技术，患者的数据可以无须亲自到场就能发送给医生，进行进一步的治疗。这种远程医疗服务，不仅打破了地域限制，让医疗资源得到更加合理的分配，还为患者提供了更加便捷、高效的就医体验。无论是在家中还是医院里，患者都能享受到个性化的健康管理服务，真正实现了“健康在手，关爱无忧”。

7. 未来展望

随着机器学习技术的不断进步和创新应用的不断涌现，智慧康养领域将迎来更加广阔的发展前景。我们可以预见，未来的康养服务将更加注重个性化、智能化和预防性。通过深度学习算法对大量健康数据的分析，机器学习将能够预测个人的健康风险，提前采取干预措施，避免疾病的发生。同时，随着物联网技术的普及和5G、6G等通信技术的升级，我们的健康数据将实现更加高效、安全的传输和处理，为智慧康养筑牢更加坚实的基础。

此外，随着人们对健康意识的不断提高和对科技产品的接受度日益增强，智慧康养产品将逐渐渗透到我们的日常生活中，成为我们健康管理的重要工具。从智能手环到家庭健康监测系统，从远程医疗咨询到个性化健康建议，机器学习技术将无处不在地陪伴着我们，守护着我们的健康与福祉。

总之，机器学习技术正在以其独特的魅力和无限的潜力，引领着康养领域的新一轮变革。它不仅提高了医疗服务的效率和质量，还为我们的健康与福祉带来了前所未有的保障和便利。在未来的日子里，让我们携手共进，共同迎接智慧康养的新篇章吧！

5.4 机器学习的局限性

在科技飞速发展的今天，机器学习以其卓越的性能和广泛的应用领域，成为了人工智能领域的明星技术。然而，就像任何事物都有其两面性一样，机器学习也不例外。在为我们带来便利和进步的同时，它也存在着一些局限性和挑战。接下来，让我们一起揭开机器学习的神秘面纱，看看它不为人知的另一面。

5.4.1 数据

机器学习，顾名思义，是通过让计算机从数据中学习并做出预测或决策的技术。因此，数据自然而然地成了机器学习的基石。然而，也正是这块基石，成为了机器学习的一大软肋。

想象一下，如果我们想要训练一个机器学习系统来识别猫的图片，那么我们就需要提供大量的猫的图片作为训练数据。这些图片的质量、数量以及多样性，都将直接影响到机器学习系统的性能。如果训练数据的质量不够好，比如图片模糊、角度不正或者背景杂乱，那么机器学习系统就很难从中学习到猫的真正特征，从而导致识别效果不佳。

更糟糕的是，如果训练数据严重不足，那么机器学习系统就会陷入“巧妇难为无米之炊”的困境。就像我们想要学会做一道菜，但是没有足够的食材和菜谱，那么无论我们多么努力，也很难做出美味的佳肴。同样地,如果机器学习系统没有足够的训练数据,那么它就很难在各种情况下都做出准确的预测或决策。

比如人脸检测这个应用,如果给出的训练数据不充分,那么系统就很难在各种复杂情况下准确地检测出人脸。当人在墙后只露出半张脸,或者用手把脸捂住的时候,系统就可能无法正确地识别出人脸。而如果我们想要让系统能够覆盖这些情况,就需要提供大量的、各种角度和姿态的人脸图片作为训练数据。

数据驱动是机器学习的重要特点,但同时也是它的局限所在。因此,我们需要不断地收集、清洗和标注数据,才能训练出性能优秀的机器学习模型。

5.4.2 模型

除了数据之外,机器学习系统的性能还受到学习模型类型的影响。在构建机器学习系统时,我们需要事先决定模型的类型,或者说定义模型的可能集合。比如在做分类任务时,我们需要决定要学习的模型是线性模型还是非线性模型。

线性模型和非线性模型各有优缺点。线性模型简单易懂,计算效率高,但是只能处理线性关系的数据。而非线性模型则能够处理更复杂的数据关系,但是计算复杂度更高,也更容易出现过拟合的问题。

如果我们面对的是一个非线性问题,但是却选择了线性模型来学习,那么分类的效果就不会好。比如我们想要用线性模型来区分猫和狗的图片,但是由于猫和狗的图片在特征空间中的分布是非线性的,所以线性模型很难找到一个合适的决策边界来准确地分类这些图片。因此,模型类型的选择对于机器学习系统的性能至关重要。我们需要根据具体的应用场景和数据特点来选择合适的模型类型,才能训练出性能优秀的机器学习模型。

然而,这也是机器学习的一个局限所在。因为在实际应用中,我们往往很难事先知道数据的真正分布和特征,也很难确定哪个模型类型最适合我们的应用场景。这就需要我们不断地尝试和调整模型类型,甚至采用模型融合和集成学习等方法来提高模型的性能。(如图5-5所示)

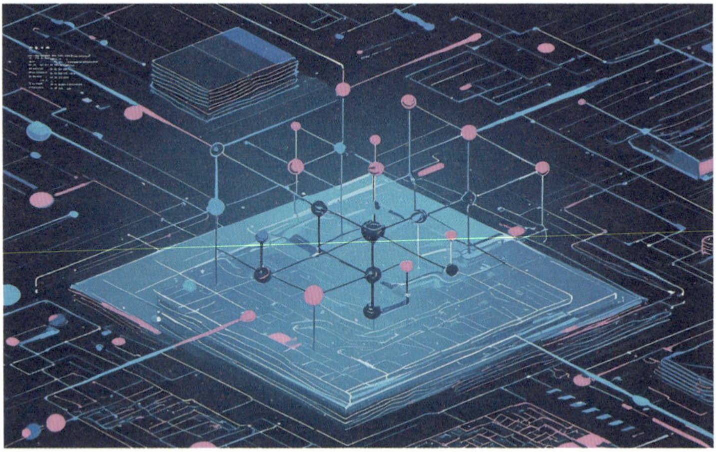

图5-5 机器学习提高模型性能示意图

5.4.3 机器学习:不是万能的

虽然机器学习在很多领域都取得了卓越的成果,但是它并不是万能的。有些问题并不适合用机器学习来解决,或者即使可以用机器学习来解决,但是实现起来也会非常困难。

在一些需要高度精确性和稳定性的领域,比如航空航天、医疗诊断等,机器学习可能并不是最好的选择。因为这些领域对于错误和失败的容忍度非常低,一旦出现问题就可能造成严重的后果。而机器学习系统由于其本身的复杂性和不确定性，很难在这些领域提供足够的可靠性和稳定性。另外，在一些需要人类智慧和经验来判断的问题上，机器学习也很难替代人类。比如在艺术鉴赏、文学创作等领域，需要人类对于美的感知和理解才能做出准确的判断。而机器学习系统虽然可以学习大量的数据和规则，但是很难真正理解和体验人类的情感和审美。

因此，在使用机器学习时，我们需要明确其适用的范围和限制。不要盲目地追求技术的先进性和创新性，而忽略了问题的本质和需求。有时候，简单的规则和方法可能比复杂的机器学习系统更加有效和可靠。

5.4.4 陷入困境：机器学习面临的挑战

除了上述的局限性和限制之外，机器学习还面临着一些具体的挑战和问题。

首先是过拟合的问题。过拟合是指机器学习模型在训练数据上表现得非常好，但是在新的、未见过的数据上表现却很差的现象。这是由于模型过于复杂或者训练数据不足导致的。过拟合问题会严重影响机器学习模型的泛化能力和准确性。其次是数据不平衡的问题。在实际应用中，往往会出现某些类别的数据数量远远多于其他类别的情况。这种情况下，机器学习模型可能会偏向于数量多的类别，而忽略了数量少的类别。这会导致模型在预测时对于数量少的类别的准确性大大降低。此外，还有数据隐私和安全的问题。在训练机器学习模型时，我们需要使用大量的个人数据和信息。这些数据可能会涉及用户的隐私和安全问题。如果处理不当，就可能会导致数据泄露和滥用的问题。因此，在使用机器学习时，我们需要认真考虑这些问题和挑战，并采取相应的措施和方法来加以解决。比如可以通过增加训练数据的数量和多样性来避免过拟合问题；可以通过数据增强和重采样等方法来解决数据不平衡的问题；可以通过加密和匿名化等技术来保护用户的隐私和安全。

综上所述，机器学习虽然有着在很多情况下逼近甚至超过人类的优势，但是也存在一些局限性和挑战。我们需要理性地看待这些局限和挑战，不要盲目地追求技术的先进性和创新性。在使用机器学习时，我们需要明确其适用的范围和限制，并根据具体的应用场景和数据特点来选择合适的模型类型和方法。同时，我们也需要不断地探索和研究新的技术和方法来解决机器学习面临的挑战和问题。只有这样，我们才能更好地利用机器学习技术来推动社会的进步和发展。

机器学习

第六章 机器学习的伦理与社会影响

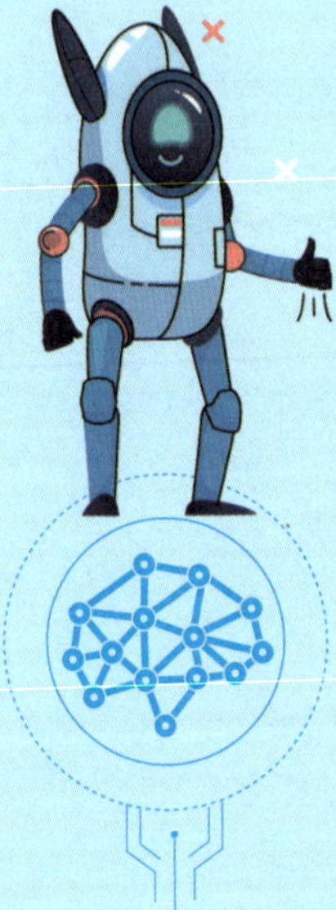

在科技日新月异的今天,机器学习作为人工智能领域的璀璨明珠,正以前所未有的速度改变着我们的生活和工作方式。然而,随着其广泛应用和深入发展,机器学习的伦理考量和社会影响也日益凸显,成为我们必须正视和深入探讨的重要议题。

当我们谈及机器学习的伦理考量时,我们实际上是在探讨技术背后的道德原则和价值取向。机器学习技术虽然强大,但其决策过程往往依赖于大量的数据输入和算法模型。这些数据可能包含偏见,算法也可能存在不透明性,这些都可能引发伦理上的争议和担忧。例如,如果机器学习模型在招聘过程中被用于筛选简历,那么它是否会因为数据中的性别、种族等敏感信息而产生歧视?如果自动驾驶汽车在紧急情况下需要做出选择,它应该保护乘客还是行人?这些问题都触及了机器学习的伦理核心,即我们如何确保技术的公正性、透明性和道德性。

与此同时,机器学习的社会影响也是不容忽视的。作为一种革命性的技术,机器学习正在深刻改变着社会的方方面面。在教育领域,它可以帮助教师更加精准地评估学生的学习情况,提供个性化的教学方案;在医疗领域,它可以辅助医生进行疾病诊断和治疗方案制定,提高医疗服务的效率和质量。然而,机器学习的广泛应用也可能带来一些负面影响。例如,随着自动化和智能化的推进,一些传统职业可能面临被替代的风险,从而引发就业结构的调整和社会不稳定因素。此外,机器学习技术的普及还可能加剧信息鸿沟,使得那些无法获取高质量数据或缺乏技术能力的群体在竞争中处于不利地位。因此,在探索机器学习的未来发展时,我们必须充分考虑其伦理考量和社会影响。这不仅是为了确保技术的公正性和道德性，更是为了维护社会的和谐稳定和可持续发展。我们需要建立更加完善的伦理框架和监管机制，对机器学习技术的应用进行规范和引导。同时，我们也需要加强公众对机器学习的认知和理解，提高整个社会的科技素养和道德水平。

机器学习的伦理考量和社会影响是我们必须正视的重要议题。在未来的科技发展中，我们需要以更加审慎和负责任的态度来对待机器学习技术，确保其既能够发挥最大的社会效益，又能够避免潜在的伦理风险和社会问题。让我们携手共进，共同探索机器学习的伦理维度与社会波澜，为构建一个更加美好、公正和可持续的未来贡献力量。

6.1 机器学习的伦理考量

在这个数字化时代,我们的日常生活似乎已经被各种电子设备和数据所包围。从社交媒体上的点赞、评论,到购物网站上的浏览记录、购买历史,再到智能设备上的健康监测数据,这些看似琐碎的信息,实则在机器学习技术的加持下,能够勾勒出我们的个人画像,甚至预测我们的行为和需求。然而,这种对个人数据的深度挖掘和分析,也引发了人们对数据隐私的担忧。

想象一下,当你正在浏览购物网站时,突然弹出一个广告,推荐的正是你前几天在朋友那里看到并讨论过的商品。这背后,就是机器学习技术通过对你的浏览记录、搜索关键词、购买历史等数据的分析,精准地捕捉到了你的兴趣和需求。虽然这种个性化推荐在一定程度上提高了我们的购物体验,但同时也让我们的个人数据暴露在了风险之中。

数据隐私的泄露,不仅可能让我们成为不法分子的目标,还可能影响我们的个人声誉和职业发展。比如,某些社交媒体上的言论或行为,如果被机器学习算法错误地解读或归类,就可能导致我们在求职或社交场合中受到不公平的待遇。

6.1.1 数据隐私与保护

保护数据隐私,成了机器学习技术发展中必须面对的重要课题。为了守护我们的数字足迹，企业和科研机构需要采取一系列措施来确保数据的安全性和隐私性。比如，通过加密技术来保护数据传输和存储过程中的安全性；通过匿名化处理来降低个人数据的可识别性；以及通过制定严格的数据使用政策来规范企业对个人数据的收集和使用行为。

此外，作为个人，我们也需要提高数据保护意识。比如，定期检查和更新自己的隐私设置；谨慎分享个人信息；以及选择可信赖的服务提供商和应用程序等。只有当我们每个人都成为自己数据的主人时，才能真正实现数据隐私的保护和尊重。

当然，数据隐私的保护并非一蹴而就的事情，但只要我们始终坚守伦理底线，尊重每个人的数据隐私和权利，就一定能够找到一条既能够促进技术发展又能够保障个人隐私的平衡之路。

除了数据隐私与保护之外，机器学习还面临着其他伦理考量。比如算法偏见与公平性、透明度与可解释性等问题。这些问题同样值得我们深入思考和探讨。(如图6-1所示)

图6-1　数据隐私保护示意图

6.1.2 算法偏见与公平性

在机器学习领域,算法偏见是一个不容忽视的问题。由于机器学习算法通常依赖于大量的历史数据来进行训练和学习,因此如果这些数据本身存在偏见或歧视性,那么算法在做出预测或决策时也可能会继承这些偏见。

比如,在某些招聘网站上,如果历史数据中男性求职者比女性求职者更容易获得面试机会或更高的薪资水平,那么机器学习算法在推荐候选人时可能会更倾向于男性求职者。这种算法偏见不仅可能导致不公平的招聘结果,还可能进一步加剧性别歧视等社会问题。

为了确保机器学习技术的公正无私,我们需要采取一系列措施来消除算法偏见。首先,我们需要收集更多样化、更全面的数据来训练算法,以减少数据偏见对算法的影响。其次,我们需要对算法进行定期的审查和评估,以确保其做出的预测或决策符合公平、公正的原则。此外,我们还可以通过引入第三方监管机构或建立伦理审查机制来加强对机器学习技术的监管和约束。

当然,消除算法偏见并非易事。由于机器学习算法的复杂性和不确定性,我们可能很难完全避免其产生偏见。但只要我们始终保持对算法偏见的警惕和关注,并不断努力寻找和解决问题,就一定能够逐步减少算法偏见对社会的负面影响。

6.1.3 透明度与可解释性

在机器学习领域,透明度和可解释性是两个重要的伦理考量。由于机器学习算法通常具有高度的复杂性和不确定性,因此其做出的预测或决策往往难以被人类所理解和解释。这种缺乏透明度和可解释性的现象,不仅可能导致人们对机器学习技术的误解和怀疑,还可能影响其在某些领域的应用和推广。

比如,在医疗诊断领域,如果机器学习算法能够准确地预测某种疾病的发生概率或治疗效果,但由于其缺乏透明度和可解释性,医生可能很难相信其预测结果并据此做出治疗决策。同样地,在金融风控领域,如果机器学习算法能够识别出潜在的欺诈行为或风险点,但由于其缺乏透明度和可解释性,监管机构可能很难对其进行有效的监管和评估。

为了提高机器学习技术的透明度和可解释性,我们需要采取一系列措施来打开其神秘面纱。首先,我们需要开发更加简洁、直观的算法模型来降低其复杂性;其次,我们需要引入可视化工具和技术来展示算法的学习过程和决策依据;此外,我们还可以通过建立伦理审查机制或制定相关政策来加强对机器学习技术的监管和约束,以确保其透明度和可解释性符合社会期望和伦理要求。

当然,提高透明度和可解释性并不意味着要完全揭露机器学习算法的所有细节和内部机制。毕竟,在某些情况下,保持一定的神秘感和保密性也是必要的。但只要我们能够在保证技术安全和隐私的前提下,尽可能地提高机器学习技术的透明度和可解释性,就一定能够增强人们对技术的信任和认可,并推动其在更多领域的应用和发展。

机器学习的伦理考量是一个复杂而重要的问题。在享受机器学习带来的便利和高效时,我们也需要正视其可能带来的伦理和社会影响。通过加强数据隐私保护、消除算法偏见、提高透明度和可解释性等措施,我们可以逐步构建一个更加公正、透明、可信的机器学习技术体系,并推动其在更多领域发挥积极作用。

6.1.4 人工智能伦理框架初探

当我们谈论人工智能伦理框架时，实际上是在为这一新兴技术领域设定一系列的行为规范和价值导向。这些规范和导向旨在确保人工智能技术的发展不会偏离人类的道德轨道，不会损害人类的根本利益。那么，一个完善的人工智能伦理框架应该包含哪些要素呢？

1. 尊重人权与尊严

人工智能伦理框架的核心在于尊重人权与尊严。这意味着，无论技术如何发展，我们都必须确保它不会侵犯人类的基本权利，如隐私权、自由权、平等权等。例如，在利用机器学习技术进行面部识别时，我们必须严格遵守相关法律法规，确保数据的收集、存储和使用不会侵犯个人的隐私权。同时，我们还需警惕技术可能带来的歧视性问题，确保算法在处理不同人群时能够保持公正、无偏见。

2. 透明度与可解释性

透明度与可解释性是人工智能伦理框架的重要组成部分。由于机器学习算法通常具有高度的复杂性和不确定性，因此其决策过程往往难以被人类所理解。这种缺乏透明度的现象，不仅可能导致公众对技术的误解和疑虑，还可能为不法分子提供可乘之机。因此，一个完善的人工智能伦理框架应该要求技术开发者在提高算法性能的同时，也要注重提升算法的透明度和可解释性。这可以通过引入可视化工具、提供详细的算法说明等方式来实现。

3. 责任与问责

责任与问责是确保人工智能技术发展符合伦理要求的关键环节。当机器学习技术出现问题或引发争议时，我们必须能够明确责任主体，追究相关人员的法律责任。这要求我们在技术开发和应用的各个阶段都要建立完善的责任追究机制。例如，在算法设计阶段，我们可以引入伦理审查环节，对算法的潜在风险和影响进行评估；在应用阶段，我们可以建立用户反馈机制，及时收集和处理公众的意见和建议。通过这些措施，我们可以确保人工智能技术的发展始终在法律的框架内进行，避免引发不必要的法律纠纷和社会矛盾。

4.公平、公正与无歧视

公平、公正与无歧视是人工智能伦理框架的基本原则之一。由于机器学习算法有可能导致算法偏见等问题。为了避免这种情况的发生，我们需要确保数据的多样性和全面性，以减少数据偏见对算法的影响。同时，对算法进行定期的审查和评估也是必不可少的，这是保障做出的决策公平、公正的必要条件。这要求我们在技术开发和应用的各个阶段都要保持高度的警惕和审慎态度，确保技术不会成为加剧社会不平等的工具。

5.促进人类福祉与可持续发展

最后，促进人类福祉与可持续发展是人工智能伦理框架的终极目标。这意味着，我们在发展人工智能技术时，必须始终将人类的利益放在首位，确保技术的发展能够为人类带来实实在在的福祉。例如，在医疗领域，我们可以利用机器学习技术来提高疾病的诊断和治疗效率；在教育领域，我们可以利用智能教学系统来为学生提供个性化的学习体验。同时，我们还需要关注技术的环境影响和社会影响，确保其发展符合可持续发展的要求。这要求我们在技术开发和应用的各个阶段都要进行深入的评估和预测，确保技术不会对环境和社会造成不可逆转的损害。

一个完善的人工智能伦理框架应该包含尊重人权与尊严、透明度与可解释性、责任与问责、公平、公正与无歧视以及促进人类福祉与可持续发展等要素。这些要素相互关联、相互促进,共同构成了一个完整、系统的伦理框架体系。然而,值得注意的是,人工智能伦理框架的构建并非一蹴而就的事情。随着技术的不断发展和应用场景的不断拓展,我们可能会遇到更多新的挑战和问题。因此,我们需要保持开放、包容的态度,不断吸收新的理念和观点,以完善和优化我们的伦理框架体系。此外,人工智能伦理框架的构建还需要社会各界的共同参与和努力。政府、企业、学术界、公众等各方都应该发挥自己的作用,共同推动人工智能技术的健康发展。政府可以制定相关法律法规和政策措施来引导和规范技术的发展;企业可以加强自律和监管力度来确保技术的合规性和安全性;学术界可以开展深入研究和探讨来为技术的发展提供理论支持和指导;公众可以积极参与和监督来推动技术的透明度和可解释性提升。通过这些措施的实施和推进,我们可以构建一个更加公正、透明、可信的人工智能技术体系,并推动其在更多领域发挥积极作用。

总之,人工智能伦理框架的构建是一个复杂而重要的任务。它不仅关乎技术的健康发展和社会稳定和谐,更关乎人类的未来和命运。因此,我们需要以高度的责任感和使命感来对待这一任务,不断探索和实践符合时代要求和人类利益的伦理框架体系。只有这样,我们才能确保人工智能技术的发展始终在正确的轨道上前行,为人类创造一个更加美好的未来。

6.2 机器学习的社会影响

在探讨机器学习这一前沿科技时，我们不仅要关注其技术层面的进展，更要深刻认识到它对社会产生的深远影响。作为社会的重要组成部分，就业市场正经历着前所未有的变革，而机器学习正是这场变革的重要推手之一。接下来，让我们一同走进机器学习与就业市场变革的交织世界，探索其中的奥秘。

6.2.1 传统行业的重塑

机器学习技术的广泛应用，正在对传统行业进行深度的重塑。以制造业为例，传统的生产线往往需要大量的工人进行手工操作，不仅效率低下，而且容易出错。然而，随着机器学习技术的引入，智能机器人和自动化生产线开始逐渐取代人力，实现了更高效、更精准的生产。这样一来，原本从事手工操作的工人面临着失业的风险，但同时也为那些掌握机器学习技术的人才提供了更多的就业机会。

同样，在服务业领域，机器学习也正在发挥着巨大的作用。比如，智能客服系统（如图6-2所示）的出现，使得客户可以随时随地通过语音或文字与机器人进行交互，获得及时、准确的服务。这不仅提高了服务效率，还降低了企业的运营成本。然而，这也意味着那些原本从事客服工作的员工需要不断提升自己的技能水平，以适应新的工作环境。

图6-2　智能客服示意图

6.2.2新兴职业的涌现

机器学习技术的快速发展,催生了一系列新兴的职业岗位。这些岗位不仅需要具备扎实的机器学习技术基础,还需要具备跨学科的知识背景和创新能力。比如,机器学习工程师、数据科学家、人工智能产品经理等职业岗位,正成为当前就业市场的热门选择。这些岗位不仅薪资优厚,而且发展前景广阔,吸引了大量的人才涌入。

同时,随着机器学习技术在医疗、教育、金融等领域的广泛应用,也催生了大量的新兴职业岗位。比如,在医疗领域,基于机器学习的医疗影像分析(如图6-3所示)、疾病预测等应用,需要专业的医疗数据科学家进行研发和维护;在教育领域,基于机器学习的个性化学习系统、智能教育机器人等应用,也需要专业的教育数据科学家进行设计和优化。这些新兴职业岗位的出现，不仅为劳动者提供了更多的就业机会和选择，也推动了相关行业的快速发展。

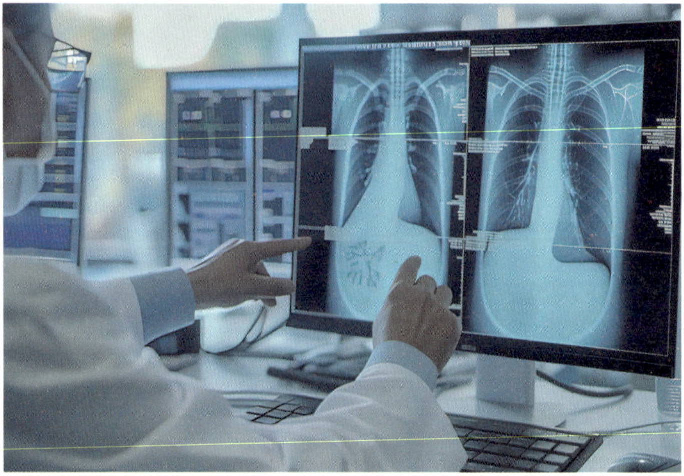

图6-3 医疗影像分析

6.2.3 就业市场的竞争加剧

随着机器学习技术的普及和应用，就业市场的竞争也日益激烈。一方面，那些掌握机器学习技术的人才在就业市场上具有更高的竞争力，可以获得更多的就业机会和更高的薪资待遇；另一方面，那些没有掌握相关技能的人才则面临着更大的就业压力和挑战。

为了应对这种竞争压力，许多劳动者开始积极学习机器学习技术，提升自己的技能水平。同时，一些高校和职业培训机构也开始开设相关的课程和培训项目，为劳动者提供学习和提升的机会。然而，由于机器学习技术的复杂性和专业性较高，学习者需要付出更多的时间和精力去掌握和运用这些技能。

6.2.4 教育与培训的转型

面对机器学习带来的就业市场变革,教育和培训领域也在积极转型。传统的教育模式往往注重理论知识的传授,而忽视了实践能力的培养。然而,在机器学习时代,实践能力成为了衡量人才的重要标准之一。因此,许多高校和职业培训机构开始注重实践教学和案例教学,通过与企业合作、开展实习实训等方式,培养学生的实践能力和创新能力。

同时,随着在线教育的兴起和发展,越来越多的学习者开始通过在线平台学习机器学习技术。这些平台不仅提供了丰富的课程资源和教学资源,还通过在线互动、作业提交、考试测评等方式,为学习者提供了更加便捷、高效的学习方式。

6.2.5 政策与法规的引导

面对机器学习带来的就业市场变革,政府也在积极出台相关政策和法规进行引导和规范。一方面,政府通过制定相关政策和规划,鼓励和支持机器学习技术的研发和应用;另一方面,政府也通过加强监管和执法力度,保障劳动者的合法权益和就业安全。

比如,政府可以出台相关政策鼓励企业加强机器学习技术的研发和应用,推动相关产业的快速发展;同时,政府也可以加强对在线教育平台的监管和管理,确保学习者能够获得高质量的教学资源和服务。此外,政府还可以通过建立就业服务体系和提供就业援助等方式,帮助那些受到机器学习技术冲击的劳动者实现再就业和转型升级。

6.2.6 展望未来:机遇与挑战并存

展望未来,随着机器学习技术的不断发展和应用领域的不断拓展，就业市场将继续经历深刻的变革。一方面，机器学习技术将催生更多的新兴职业岗位和就业机会；另一方面，也将对传统行业和就业模式产生更大的冲击和挑战。

面对这种变革和挑战，我们需要保持开放的心态和积极的态度去应对。一方面，我们要加强学习和提升自己的技能水平，以适应新的就业市场和工作环境；另一方面，我们也要关注社会的变化和需求的变化，积极寻找新的就业机会和发展方向。

总之，机器学习的快速发展正在深刻改变着我们的就业市场。这场变革既带来了机遇也带来了挑战，需要我们以开放的心态和积极的态度去面对。通过加强学习、关注变化、积极应对等举措，我们可以更好地适应这场变革并抓住其中的机遇。同时，政府和企业也需要加强合作和协调，共同推动机器学习技术的健康发展和社会应用，为社会的繁荣和发展贡献更多的力量。

6.2.7 公共安全与监控的边界

在公共安全领域，机器学习技术的应用无疑为我们提供了前所未有的便利。通过智能视频监控、人脸识别等技术手段，我们可以实现对公共场所的实时监控和预警，有效打击犯罪行为，维护社会稳定。然而，随着这些技术的普及和深入应用，一个不容忽视的问题逐渐浮出水面：公共安全与监控的边界究竟在哪里？

1. 智能监控：双刃剑的锋利与危险

智能监控技术是机器学习在公共安全领域的重要应用之一。通过摄像头捕捉的图像信息，结合机器学习算法的分析和处理能力，我们可以实现对人流、车流等动态信息的实时监测和预警。这不仅提高了公共安全的响应速度和处理效率，还为警方提供了更为精准和可靠的线索和证据。

然而，智能监控技术也是一把双刃剑。一方面，它为我们带来了便利和保障；另一方面，它也可能成为侵犯个人隐私和自由的工具。随着监控技术的不断进步和普及，越来越多的公共场所被纳入监控范围，人们的日常行为和生活习惯也变得越来越透明。这种透明度的提升虽然有助于维护公共安全，但也可能引发人们对隐私保护的担忧和不满。

2. 人脸识别：技术进步的喜与忧

人脸识别技术（如图6-4所示）是机器学习在公共安全领域的另一个重要应用。通过比对摄像头捕捉到的图像信息与人脸数据库中的信息，我们可以实现对特定人员的快速识别和追踪。这项技术在打击犯罪、寻找失踪人员等方面发挥了重要作用。

图6-4　人脸识别示意图

然而，人脸识别技术的应用也面临着诸多挑战和争议。一方面，由于技术本身的局限性和误判率的存在，人脸识别技术可能引发误报和漏报等问题;另一方面,由于人脸信息的高度敏感性和隐私性,人脸识别技术的应用也可能引发人们对隐私泄露和滥用的担忧。

此外,人脸识别技术的应用还可能带来社会层面的不平等和歧视问题。由于不同人种、性别、年龄等人群在面部特征上存在差异,人脸识别技术可能对这些人群产生不同的识别效果和准确性。这种差异可能导致某些人群在享受公共服务时受到不公平对待或歧视。

3.数据安全与隐私保护:不可忽视的底线

在公共安全监控领域,数据安全与隐私保护是至关重要的问题。随着监控数据的不断积累和增长,如何确保这些数据的安全性和隐私性成了一个亟待解决的问题。一旦这些数据被泄露或被不法分子利用,将对个人和社会造成严重的后果和损失。

为了保障数据安全与隐私保护,我们需要采取一系列措施来加强监管和防范。首先,我们需要建立完善的法律法规体系来规范数据的收集、存储和使用行为;其次,我们需要加强技术防护手段的研发和应用来防止数据泄露和滥用;最后,我们还需要提高公众的数据安全意识和素养来共同维护数据安全与隐私保护。

4.技术与伦理的平衡:寻找合适的边界

在公共安全监控领域,技术与伦理的平衡是一个至关重要的问题。我们既要利用先进的技术手段来提高公共安全的水平和效率;同时,也需要尊重和保护个人隐私不受侵犯。为了实现这一平衡,我们需要不断探索和寻找合适的边界和规则。

首先,我们需要明确监控的目的和范围。在公共安全监控中,我们应该明确监控的目的是打击犯罪和维护社会稳定，而不是侵犯个人隐私和自由。同时，我们还应该明确监控的范围和权限，避免过度监控和滥用权力。

其次，我们需要加强监管和问责机制。在公共安全监控中，我们应该建立完善的监管和问责机制来确保监控行为的合法性和合规性。一旦发现违规行为或滥用权力的情况，我们应该及时采取措施进行纠正和处罚。

最后，我们还需要加强公众的教育和引导。在公共安全监控中，我们应该加强对公众的教育和引导来提高他们的安全意识和素养。通过宣传和教育活动，我们可以帮助公众了解监控技术的原理和应用场景，提高他们的安全意识和自我保护能力。

5.展望未来：技术与伦理的共生与共进

随着机器学习技术的不断发展和进步，公共安全监控领域将迎来更多的机遇和挑战。一方面，我们可以利用先进的技术手段来提高公共安全的水平和效率；另一方面，我们也需要面对和解决由技术进步带来的伦理和社会问题。

为了实现技术与伦理的共生与共进，我们需要不断加强技术研发和创新来推动公共安全监控领域的发展。同时，我们还需要加强法律法规建设和监管机制完善来规范技术应用和保障数据安全与隐私保护。此外，我们还需要加强公众教育和引导来提高他们的安全意识和素养，共同推动公共安全监控领域的健康发展。

总之，机器学习的伦理与社会影响是一个复杂而深刻的问题。在公共安全监控领域，我们需要不断探索和寻找技术与伦理的平衡点来确保公共安全和个人隐私的平衡发展。通过加强技术研发、法律法规建设、监管机制完善以及公众教育和引导等方面的努力，我们可以共同推动机器学习技术的健康发展和社会应用，为构建更加安全、和谐的社会环境贡献力量。

6.2.8 促进社会包容与平等

在谈论机器学习促进社会包容与平等时，我们首先要明白一个前提：技术本身并无善恶，关键在于我们如何使用它。机器学习，作为一种强大的数据处理和分析工具，当它被用于消除社会偏见、促进机会公平时，就能展现出其独特的价值。

1. 打破数据偏见，让算法更公正

在机器学习领域，有一个常常被提及的问题，那就是数据偏见。由于历史、文化、社会结构等多种原因，我们的数据中往往蕴含着各种偏见和歧视。如果直接将这些数据用于训练机器学习模型，那么模型很可能会学习到这些偏见，并在实际应用中加剧社会的不平等。

然而，机器学习并非无药可救。通过数据预处理、特征选择、模型调优等一系列技术手段，我们可以有效地减少数据偏见对机器学习模型的影响。例如，在招聘系统中，我们可以对简历进行匿名化处理，以避免性别、年龄等敏感信息对招聘决策产生干扰。这样一来，机器学习模型就能更加公正地评估候选人的能力，为每个人提供平等的竞争机会。

2. 智能辅助决策，让机会更平等

在很多情况下，机器学习可以作为智能辅助决策工具，帮助我们更加客观、准确地做出决策。这种决策方式有助于打破传统的人

为偏见和主观判断,让每个人都有机会获得公平对待。

以教育领域为例,传统的教育资源分配往往受到地域、家庭背景等多种因素的影响,导致一些学生无法获得优质的教育资源。而利用机器学习技术,我们可以对学生的学习能力、兴趣爱好等多方面因素进行综合分析,为他们提供更加个性化的学习资源和教学方案。这样一来,每个学生都能根据自己的实际情况获得最适合自己的教育资源,从而更加公平地享受教育的机会。

3.识别并纠正社会不公,让社会更和谐

机器学习不仅能够帮助我们打破数据偏见和智能辅助决策,还能够通过识别并纠正社会不公,让社会变得更加和谐。例如,在执法领域,机器学习可以帮助警方更加准确地识别犯罪行为,减少误判和滥用权力的风险。同时,通过对犯罪数据的深入分析,我们还可以发现犯罪活动的规律和趋势,为制定更加有效的防控策略提供依据。

此外,在社会保障领域,机器学习也可以发挥重要作用。通过对社会救助对象的数据进行分析和预测,我们可以更加精准地识别出需要帮助的人群,并为他们提供及时有效的救助措施。这样一来,社会的弱势群体就能得到更多的关注和支持,从而更加平等地参与社会生活。

4.推动社会创新,让平等与包容成为常态

机器学习技术的快速发展,不仅为我们提供了更加智能、高效的工具和方法,还激发了社会创新的活力。通过机器学习技术的不断应用和推广,我们可以推动社会各个领域的创新和发展,让平等与包容成为社会的常态。

以医疗健康领域为例,机器学习技术可以帮助医生更加准确地诊断疾病、制定治疗方案,并通过对患者数据的深入分析来预测疾

病的发展趋势。这样一来，患者就能获得更加个性化、精准的治疗服务，从而提高治疗效果和生活质量。同时，机器学习技术还可以帮助医疗机构优化资源配置、提高管理效率，为更多人提供更加优质的医疗服务。这种创新不仅促进了医疗领域的发展，还让平等与包容的理念在医疗领域得到了更好的体现。（如图6-5所示）

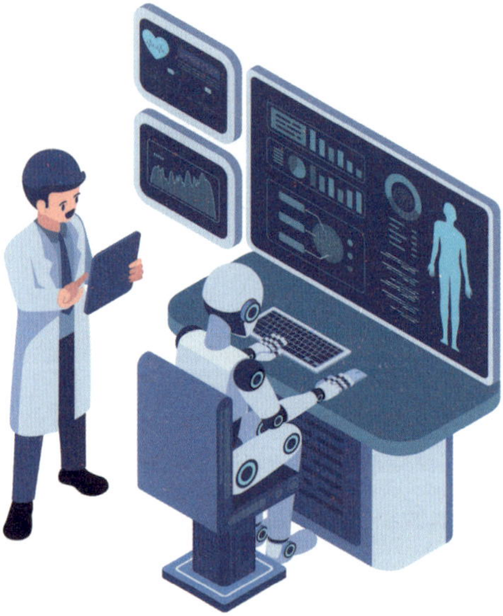

图6-5　AI分析患者健康数据示意图

5. 关注弱势群体，让技术更有温度

在推动社会包容与平等的过程中，我们不能忽视弱势群体的需求和利益。机器学习技术应该更加注重对弱势群体的关注和支持，让技术更加有温度、更加人性化。

例如，在残障人士辅助方面，机器学习技术可以帮助开发更加智能、便捷的辅助设备和服务。通过对残障人士的行为习惯和需求进行深入分析，我们可以为他们提供更加个性化的辅助方案和支持服务。这样一来，残障人士就能更加独立、自主地参与社会生活，享受到与其他人同等的权利和机会。

又比如，在老年人照护方面，机器学习技术也可以发挥重要作用。通过对老年人的健康状况、生活习惯等多方面因素进行实时监测和分析，我们可以及时发现潜在的健康风险并采取相应措施进行干预。这样一来，老年人就能得到更加及时、有效的照护服务，从而提高他们的生活质量和社会参与度。

6.展望未来：机器学习与社会包容性的共生共荣

随着机器学习技术的不断发展和应用推广，我们有理由相信它将为社会包容与平等的发展注入更多新的活力和动力。在未来，机器学习技术将更加深入地融入社会各个领域的发展中，推动社会朝着更加公平、包容、和谐的方向发展。

同时，我们也需要认识到机器学习技术并非万能的。在推动社会包容与平等的过程中，我们还需要结合其他社会政策和措施来共同发挥作用。例如，通过加强教育公平、促进就业创业、完善社会保障体系等多方面的努力来共同推动社会的包容性发展。

总之，机器学习作为一种强大的数据处理和分析工具，在促进社会包容与平等方面具有独特的价值和意义。通过打破数据偏见、智能辅助决策、识别并纠正社会不公、推动社会创新以及关注弱势群体等多方面的努力，我们可以让机器学习技术更加有温度、更加人性化地服务于社会的发展和进步。在未来的日子里，让我们携手共进，共同创造一个更加公平、包容、和谐的社会！